家庭瓜果 *JiaTing GuaGuo*

零基础种养全图解
Ling JiChu ZhongYang Quan TuJie

她 品 主编

中国农业出版社

图书在版编目（CIP）数据

家庭瓜果零基础种养全图解 / 她品主编. -- 北京 ：
中国农业出版社，2013.9

  ISBN 978-7-109-18237-0

  Ⅰ．①家… Ⅱ．①她… Ⅲ．①瓜果园艺－图解 Ⅳ.
①S65-64

中国版本图书馆CIP数据核字(2013)第195481号

策划编辑	黄曦
责任编辑	黄曦
出　　版	中国农业出版社（北京市朝阳区麦子店街18号　100125）
发　　行	新华书店北京发行所
印　　刷	北京三益印刷有限公司
开　　本	880mm×1230mm　1/32
印　　张	5
字　　数	160千
版　　次	2014年 1 月第1版　2014年 1 月北京第1次印刷
定　　价	32.00元

（凡本版图书出现印刷、装订错误，请向出版社发行部调换）

第一章

农趣、瓜果、有点甜，

种菜=种生活

第二章 瓜果四季秀，种养享不停

 春 季种植

夏季种植

秋季种植

季种植

农趣、瓜果、有点甜，

种菜=种生活

我种的不是菜，
是生活……

当你每天从菜市场或者超市拎回鲜度有限且不便宜的菜时，有没有想过自己也来开垦一小方天地，自己种菜自己吃？给平凡、普通的日子增添更多甜蜜和期盼？

种菜，种出来的幸福感

不要觉得这样的想法太过天方夜谭，也不要借口没有时间打理，更不要说没有空间……如果你想跟随潮流做一回"都市农人"，那么，这一切的难题都将不是问题。只要你有一米见方的普通阳台，或者一小块庭院，一般的瓜果，都能愉快地种起来！

从搭建属于自己的微农场、准备工具、把握阳台环境，再到栽种、收获，整个过程看似繁复，其实一学就会，也不用花费你很多时间。这些亲手种出来的菜，不仅新鲜、营养价值更高，而且可以随时采摘，随时食用，不用再担心被农药化肥裹挟。

更让人欣喜的是，在整个种菜的日子里，尽是幸福的不同瞬间。碧绿嫩芽冒出时的惊喜和赞叹，抽枝展叶时的细心照料和呵护，果实采摘时无以言表的满足和幸福感……都会甜蜜围绕你。

新手入门第一步，
选好瓜果生长场所

作为都市新晋"菜农"，新入门的第一步并不是着急瓜果怎么种，而是如何在自己生活的环境里找到一块最为理想的场所，让瓜果自由自在地生长。

阳台，最快乐的首选地

在钢筋水泥的城市，想找一块空地专门种菜并非易事。但是，无论你住在哪个小区、哪层楼，拥有一两个阳台是少不了的。阳台，无疑是人们最易想到也最快乐的首选地。一般而言，阳台适合种什么菜，要根据阳台本身的朝向、空间大小和阳台的环境条件来决定。其中，朝阳的阳台，光照比较充足，空间敞亮，无论面积大小，一年四季都可以依照自己的喜好播种喜温的瓜果。

窗台，被忽略的迷你菜地

和面积、视野都比较开阔的阳台相比，窗台一般都容易被忽略掉。其实，合理利用，窗台也会被打造成一块精致的迷你菜地。在窗台上栽种一些生长周期短、植株较矮的瓜果蔬菜，如小萝卜等，不但不影响光线，还可形成一道亮丽的风景线。

庭院，奢侈的城市菜园

住在城市，家家户户都有阳台，但不是每家都有庭院。如果居住在平房或居住的楼层较低，房前屋后正好有一块空地，千万不要让其荒废了，开垦成小菜园，就能拥有都市人梦寐以求的奢侈的城市菜园。庭院作菜园最接地气，可供栽种的品种范围很广，如何布局，要根据庭院的结构、面积和朝向来确定。在栽种结构上，还要讲究高矮有度、疏密有间，方便分区收割。这样做既能最大化使用庭院面积，又不遮挡室内光线，还能最大限度地方便采收果实，避免损伤其他瓜果菜。

天台，惬意的屋顶农场

如果有一方得天独厚的天台，可以将其充分利用，开辟成最惬意、最美妙的屋顶农场。离地高耸的天台，阳光和视线都很充足，种菜的趣味性和挑战性更大。和庭院种菜一样，南方的天台对瓜果品种没有限制，一年四季可随意选择自己喜欢的品种进行栽种。北方的天台就要略微花点心思了，冬天天气寒冷，露天蔬菜不容易存活，做成封闭式花房比较适宜。在天台种菜，可选择轻型坚固的材料，如木质花盆等，种植再多都不会影响到房屋整体的坚固性。

万物生长靠太阳，
你的阳台够"阳光"吗

要在阳台上种菜，先别急着购买材料，好好审视一下你的阳台，它真的适合植物生长吗？如果自然条件不具备，你的栽种计划很可能会功亏一篑呢！

瓜果生长需要阳光，别让植物"委曲求全"

可以说，瓜果类植物比一般叶菜类更需要充足的阳光，当然，埋在地下的地瓜类例外。因为，瓜果类的生长周期大多比较长，需要经历发芽、长叶、开花、结果的全过程，没有充足合适的阳光和温度，就很难结果，或者结的果实不够大，味道也会涩口。既然是食用，当然会要求较高，所以，一定要看清你家阳台究竟是否适合种植瓜果菜。

对比几种朝向的阳台，给微农场做好充分准备

　　阳台固然是理想的菜园场所，但这只是相对而言的，很多人的阳台因为朝向不同，得到的光照就会有所差异。朝向条件不佳的阳台对于瓜果来说，不是理想的生长环境。那么，种菜前，先考量一番阳台的光照条件吧！

　　❶ 朝南阳台：为全日照，阳光充足、通风良好，如果你的阳台是这种朝向，那么恭喜你，这是最理想的种菜阳台。几乎所有瓜果都是在全日照条件下生长最好，因此，一般瓜果菜一年四季均可在朝南的阳台上种植，如黄瓜、苦瓜、番茄等。此外，莲藕、荸荠、菱角等水生蔬菜也适宜在朝南的阳台种植。冬季朝南阳台大部分地方都能受到阳光直射，再搭起简易保温设备，也能保证冬季菜有一个良好的生长环境。

　　❷ 朝东、朝西阳台：适宜种植喜光耐阴的瓜果，如洋葱、丝瓜、萝卜等。但是总体来说，这样的阳台还是适合种植一般瓜果的。

　　❸ 朝北阳台：全天几乎无日照，是最不理想的菜园场所，能种植的瓜果的选择范围也最小，可选择某些耐阴的瓜果种植。

　　1. 朝西阳台夏季西晒时温度较高，使某些蔬菜产生日烧，轻者落叶，重者死亡，因此最好在阳台角隅栽植蔓性耐高温的蔬菜。

　　2. 在夏季，对后面楼层反射过来的强光及辐射光也要设法防御。

如何规划自己的
专属"微农场"

终于拥有了一片专属于自己的"微农场",高兴之余,不妨再花一点心思将这片小天地合理规划,给整个种菜过程带来不一样的品味和情趣!

专属"微农场",也要讲究好品位

在自家阳台种菜,若随意杂乱摆放种菜容器,会给人无序之感。试想一下,一个装修精致的家,阳台却是乱糟糟一片,主人的品味也会跟着降低。所以,专属微农场的规划和布局也要讲究好品位。一个布局合理的阳台种植天地,从室内往外看时,整个阳台和周边的自然环境相得益彰;由外往内看时,则似一座雅致的植物展览小橱窗。天台、窗台或庭院亦是如此。

合理规划,微农场好"吃"更好"看"

微农场的规划和布局要从农场自身的特点出发,依照因地制宜的原则,讲究和周围的环境达成一体,协调一致。通常来说,阳台空间都不大,为了更好地利用阳台空间,种植更多的瓜果菜,科学规划和合理布局就显得尤为重要。

以长度3米、宽度1.2米的向阳阳台为例，在阳台东侧可设置3～5层木制或金属制作的小梯形台，由下而上依次摆放，这种立体规划不仅节约空间，而且很美观。在阳台西侧地面设立小型种植槽，栽种一些豌豆、丝瓜等攀援性的瓜果菜。在阳台台板处或檐口处，还可采用吊盆。不过要检查是否牢固，一定要注意安全，严防吊盆坠落伤人。

和狭窄的阳台相比，天台的面积和视野要宽阔得多。如果规划得当，会更像一个微型的美丽植物园。天台农场通常采用盆栽的方式，如果想要打造成中式园林风格，移动起来也非常方便。

庭院没有容器摆放的问题，但是依然要有规划，主要体现在种植区域的合理分配上。比如说喜欢攀援类瓜果，适宜种在栅栏边上，而不是靠近房前的墙壁上，以免挡住室内阳光。喜欢光照的蔬菜种在南边光线充足处，喜阴的则栽种在北边。栽种结构上，讲究高低结合、分区收割。

瓜瓜叮嘱

1. 微农场并没有固定不变的规划模式，要根据农场位置、规格、大小及个人喜好来确定。注重整体整齐美观，又要高低错落有致、层次分明。

2. 还要注意留有相当的活动空间，尽量营造开阔之感，不要给人拥挤感。

种瓜果类菜必备：
这些小工具你都有吗

俗语说，"工欲善其事，必先利其器。"想要瓜果菜在自家的"微农场"里长势喜人，提前准备好栽种过程中要用到的必备小工具，能让栽种生活变得更加得心应手。

种菜容器，为瓜果提供栖息之地

菜往哪儿种？首先得要有合适的容器。除了传统的花盆、花槽等专业容器，生活中的器物经过改装后也可以拿来种菜，像塑料盆、大油壶、浴盆、提桶、坛子、烧烤盘和轮胎等。无论选择什么样的容器，必须保证底部要有排水孔。可在容器底端钻几个直径约1厘米的小孔，然后铺上碎瓦片、纱窗之类的东西垫盆就可以了。

选择花盆时，材质和颜色都有讲究。陶制和木制容器比塑料容器排水快，因而需要多浇水。花盆的颜色要慎用黑色，因为黑色容易吸热，很有可能损害植物根系。如果家里有黑色容器，也不要丢弃，使用前在容器外侧涂上一层较浅的漆，或者把容器遮蔽起来，避免强烈阳光直射。

此外，容器的大小也很重要。宁可选择大

一点的，因为大点的容器不仅有充裕的地方和空间放肥料，而且蓄水量也很大。对上班族而言，这一点很重要。尽量选用深些的容器，比如15～20厘米以上深的长方形花盆，即使1～2天忘记浇水了，也不会影响到瓜果菜的生长。所以，栽种容器宁大勿小。

喷水壶，为瓜果提供充足水源

居家种菜，要准备两把喷水壶，一把莲蓬式洒水壶，一把喷雾器。莲蓬式洒水壶可直接在园艺市场上购买，也可以动手自制。将空饮料瓶的瓶盖拧下，用小号钉子在瓶盖上钉若干个小孔，然后将饮料瓶中注满水，拧紧瓶盖，里面的水就会喷洒而出了。

莲蓬式洒水壶主要将水均匀地浇洒到植物的叶片上，给瓜果提供充足的生长水分，同时清洁叶片上的灰尘。喷雾器的作用有很多，夏天温度高时，喷雾能减少蔬菜叶片中水分的蒸发；冬天室内开空调，空气较干燥，喷雾能增加蔬菜周围空气的湿度，让蔬菜正常生长；一些好潮湿环境的菜类，需要向叶面适时喷雾，以保持生长所需的湿度。

瓜农叮咛

1. 除了容器和喷水壶，准备一把剪刀也是必要的，可以用来间苗、修剪和收获果实。

2. 废弃的汤勺、叉子可以用来松土；一次性筷子或小竹竿可以作为支架；带刻度的婴儿药瓶，可用来量液体肥。

选购合适
壤土有讲究

当生长场所、容器、工具这些外在事宜准备妥当后，如何为种子选购到合适的土壤至关重要。因为，土壤质地是蔬菜正常生长及提高产量的基本条件之一。可以这样说，土壤质地与瓜果菜的生长息息相关。

选购合适壤土，是瓜果生存的根本

居家种菜，以选择壤土为第一首选。壤土土质松细有序，保水保肥能力强，土质本身含有适合蔬果生长的多种营养素，因此适合大多数蔬果菜栽种。

排在第二位的是沙壤土。沙壤土土质疏松、透气性良好，排水性也很不错，频繁施肥不会出现土壤板结、开裂等状况，土温能始终保持在适宜的位置，尤其适合栽种吸收力强且耐旱的瓜果，如南瓜、西瓜、甜瓜等。

黏壤土排在第三位。它的土质细密，保水保肥能力强，养分含量也比较高。缺点是排水性不良，尤其是下雨天，若忘记及时给土壤排水，就会导致根部浸泡过久溃烂而死。此外，黏壤土的土表层容易板结开裂、土壤温度很不均衡，适合栽种晚熟蔬菜和水生蔬菜。

关注土壤pH，酸碱适度才能长出好瓜果

选择合适的壤土后，还要时刻关注土壤的pH，它对蔬菜的影响不容小觑。所谓土壤pH，指的是土壤溶液的酸碱度。通常情况下，大多数蔬菜在pH为6～7.5时的中性至弱碱性状态下生长最理想。在pH＜5的酸性土壤中，土壤中的磷酸容易与铁、铝离子结合生成不溶物而被沉淀，干扰蔬菜对微量元素的吸收；当pH＞7.5时，土壤中的磷酸与钙结合生成难溶解的磷酸钙，会降低肥效，蔬菜容易生病。

选购土壤时，可根据手感来判断土壤的酸碱度。一般来说，颜色较深、呈黑褐色且土质疏松的壤土可大致判断为酸性土；碱性土颜色多半较浅，质地坚硬，用手揉捏后容易结块不散开；中性土介于二者之间，用手揉捏后有片刻结块但很快散开。如果实在不会选，可到药店买pH试纸，即可测定出该泥土的酸碱度。

瓜友叮嘱

1. 栽种前，土壤最好先经过暴晒消毒除虫，在栽种容器底部放些鲜树叶或枯叶可以减轻重量。

2. 由于土壤流失快，在整个栽种期间，要视情况进行适当培土。

第二章

瓜果四季秀，
种养享不停

丝瓜，
清净淡雅的"美人水"

丝瓜，它不仅可做菜肴，还能用于美容。用丝瓜熬制的水洗脸，能养颜护肤，因此丝瓜有"美人水"的雅称。宋代诗人赵梅隐在《咏丝瓜》中这样赞美丝瓜："黄花褪束绿身长，白结丝包困晓霜；虚瘦得来成一捻，刚偎人面染脂香。"

瓜果小名片

种植难度：高　中√　低

别称：胜瓜、菜瓜、天罗

生产地：我国南北各省均可种植

所属类型：葫芦科丝瓜属

种植方式：直播、单行种植，于3月播种育苗

收获时间：在温度与光照适宜的条件下，以7～8月收获为主，每隔1～2天采收1次

食用品类：普通丝瓜、有棱丝瓜

瓜果营养经

1. 丝瓜富含B族维生素，B族维生素不仅有利于人体的发育与健康，还可以防止皮肤老化，可帮助我们保护皮肤、消除斑块，是皮肤细嫩不可多得的"美容佳品"。

2. 丝瓜里还含有维生素C，可用于抗坏血病及预防各种维生素C缺乏症。

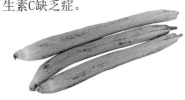

种植基本功

温度需求：丝瓜喜温，生长适温白天为25～30℃，夜间为15～18℃。低于12℃，丝瓜的生长就会受影响，低于10℃时生长受到抑制，低于0℃时容易冻死，高于40℃时会让其灼伤。

光照需求：丝瓜是喜光的短日照植物，但大多数品种对光照要求不高。在短日照条件下，雌花发生较早且较多，开花坐果良好，长日照下雌花发生较晚且较少。

湿度需求：丝瓜长期需水量大，是最耐潮湿的瓜果类蔬菜，在雨季即使遇到雨涝或水淹，也能正常开花结果。但在过于干旱的情况下，果实易老、纤维增加、品质下降。

栽培容器：单株宜选口径为30～40厘米、深度25～30厘米的花盆。种植数量多的话，可依据需要选择更大的容器或在庭院直接栽培。

播种要点：家庭种植多用直播，将种子均匀地撒播在培养土上，上面再覆盖一层薄土，覆土厚度以1～2厘米为宜。

施肥需求：在结瓜前每隔10天施1次腐熟的有机肥，共施肥2次，注意避免偏施氮肥。结瓜后每周施腐熟的有机肥1次。

支撑需求：在雌花出现时设立支架，将藤蔓以"之"字形引上棚架，大约间隔20厘米用绳子绑好以固定。

采收技巧：当雌花开放后7～10天，果梗变得光滑，瓜皮颜色开始变深，握住瓜体时感觉有弹性，表明丝瓜成熟了。一般丝瓜从定植到开始采摘需50～60天。若需留种，可等瓜皮黄了之后再进行采摘。

微农场·成长秀

1 阳台上种植的丝瓜小苗，在经过了漫长的等待之后终于开出了嫩黄色的小花朵，那可是辛勤培育后的结果啊！

2 过了两三个月之后，先前开出的小黄花的下面已经开始长出绿色的小瓜了，不错哦！

3 丝瓜的瓜体不断长大，看着这嫩绿的丝瓜，让人很有食欲啊！待丝瓜尾端的小黄花渐渐枯萎，则表明瓜体成熟了，这时就可以摘下成熟的丝瓜，做好吃的菜肴了。

瓜友秘籍

浇水要诀：丝瓜的整个生长过程都需保证充足的水分，气温低时应在晴天中午前浇水，干旱时隔天浇一次水，夏季高温时可早晚各浇水一次。

施肥要诀：丝瓜小苗在苗期应每个星期追肥一次。结果期，每采收1～2次，就应该追肥1次，肥料以复合肥为主。

修剪要诀：早期为了确保主蔓的生长、结果，应剪去所有的侧蔓；待藤蔓爬上架之后，可以保留必要的侧蔓；在整个成长期都要除去卷须，摘除老叶、弱叶以及过密的叶片。

樱桃萝卜,
家宴上的 "小个子"

樱桃萝卜,相比白萝卜、红萝卜和青萝卜,它更像一种水果,少了一股辛辣味儿,却爽脆可口。樱桃萝卜一般都是凉拌着吃,或是作为一种点缀,与其他的菜相搭配,红绿相间,让人胃口大开。

瓜果小名片

种植难度: 高 中 低√

生产地: 我国各省均可种植

所属类型: 十字花科萝卜属

种植方式: 干籽直播或催芽播种均可,四季皆可种植,春秋两季种植最佳

收获时间: 在温度与光照适宜的条件下,播种30～55天即可收获

食用品类: 樱桃萝卜、上海小红萝卜等

种植基本功

温度需求: 樱桃萝卜具有较强的抗寒性,但不耐热。生长的适宜温度为5～20℃,种子发芽的适宜温度为10～20℃。

光照需求: 樱桃萝卜喜光,属长日照作物,在12小时以上能进入开花期。

湿度需求: 樱桃萝卜在生长期间需要特别注意保持土壤的湿润度。

播种要点: 直播时需选择沙壤土,并在种子表面覆细土5毫米。

施肥需求: 由于樱桃萝卜的生长期较短,除施足基肥外,在生长期间基本上无须追肥,倘若植株显得过分矮小或者叶片颜色发黄,可以酌情施一些速效氮肥。

微农场·成长秀

① 将樱桃小萝卜的种子浸种后分别播入容器的小格子中，播种前要浇透水，在种子上面覆盖0.5厘米左右的土层，过三四天后，幼芽就会破土而出。

② 发出的幼芽没过几天就长出了小小的叶子，那碧绿的小小的叶子真像蝴蝶的翅膀，看着真让人喜欢不已。

③ 等长出四五片叶子的时候，小萝卜的肉根基本就长成了，看它露出了红红的小脸蛋，别提有多可爱了！

瓜有秘诀

浇水要诀：在樱桃萝卜的整个生长过程中都要求保证水分的供应，发芽期和幼苗期需水量不多，只需要保证种子发芽对水分的要求及保证湿度需求即可。

松土要诀：樱桃萝卜的植株小，因此要经常松土，以保持土质疏松，防止土壤板结。

施肥要诀：樱桃萝卜生长迅速，除施足基肥外，还需酌情追施速效肥2～3次。第一次在樱桃萝卜出现2～3片叶子时，肥料浓度宜稀，50千克水加尿素100克；等到4～5片叶子时，直根迅速膨大，这时除了在50千克水中加入100克尿素外还需加入氯化钾50克，充分溶解后施入。

南瓜，
预防高血压的"好帮手"

南瓜，它的嫩果既可以作为蔬菜进行烹饪，瓜子还可以做成零食。南瓜的种植很普遍，在我国各地都可以种植，因为南瓜既可以当菜又可以代替粮食，在农村可随处见到它们的身影。

瓜果小名片

种植难度：高 中 低√
别　名：番瓜、北瓜、倭瓜
生产地：我国各省均可种植
所属类型：葫芦目葫芦科
种植方式：直播、播种育苗，于2～3月上旬播种育苗
收获时间：在温度与光照适宜的条件下，以7～9月收获为主
食用品类：蜜本南瓜、蛇南瓜等

 ## 瓜果营养经

1. 南瓜富含多糖，多糖是一种非异性免疫增强剂，能提高机体的免疫功能，促进细胞因子生成，通过活化补体等途径对免疫系统发挥多方面的调节功能。

2. 南瓜还含有类胡萝卜素和矿物质元素，有助于我们维持正常的视觉，并促进骨骼的发育，还有利于预防骨质疏松和高血压。

3. 南瓜含有丰富的脂类物质，对泌尿系统的疾病有良好的预防及治疗作用。

种植基本功

温度需求：最适合南瓜生长的温度为18～32℃，低于10℃或高于40℃时种子均不能发芽。温度高于35℃时不能正常生长，夏季高温高于40℃时会使其生长受阻。

光照需求：南瓜属喜强光的短日照作物，在充足的光照下能生长健壮，光照不足会影响结果和果实发育。育苗期间应减短日照时数，每日平均给予8小时光照，可以促进早熟，增加产量。

湿度需求：南瓜的根系发达，具有很强的吸水能力，比较抗旱。同时南瓜的茎叶繁茂，整个生长期间需水量大，当湿度低时，会造成萎蔫的现象，持续时间如果过长还会形成畸形瓜，所以要及时浇水。

播种要点：若选择直播，可以先将种子用50℃的热水烫种并不断搅拌，当水温降至25～30℃时，浸种4～6小时再播于花盆中。另外，播种前土壤需保持一定的湿润度。

施肥需求：南瓜苗期对营养元素的吸收比较缓慢，甩蔓后吸收量明显增大，在头瓜坐稳之后，是需肥量最大的时期，在整个生长期内以吸收钾肥和氮肥为多，钙肥居中，镁肥和磷肥较少。

采收技巧：当南瓜的瓜体变为橘红色、瓜面呈现出棱条和用手指按不动瓜体时，就表示瓜果成熟了，应及时采收。

微农场·成长秀

①　播种后第十天，南瓜长出了它的第三片真叶，像一把小小的蒲扇，形状也和前两片截然不同，茸毛也越来越密了。

②　过了一个月左右，南瓜开出了一朵朵的黄色花朵，这些可爱的小精灵有雌雄之分哦！花托处有个疙瘩的是雌花，没有疙瘩的是雄花，雄花是不会结果的，需要将雄花花蕊里的花粉授粉到雌花的花蕊上，雌花才能顺利地结果。

③　待南瓜的花朵开花后约10～15天，小小的青色的嫩瓜也结成了。

④　又过一两个月左右，青色的嫩南瓜逐渐变成黄色，果柄也变硬变黄了，这时的南瓜就彻底成熟了，可以高兴地采收啦！

瓜友秘授

松土要诀：在主根周围松土外，也要松一松它茎蔓下面的土，或用小泥块压在茎蔓上，诱发气根来增加吸水和吸肥的能力。

授粉要诀：一般南瓜花在凌晨开放，所以4～6时为授粉最佳时间。可采摘几朵开放比较旺盛的雄花，用蓬松的毛笔轻刷入干燥的小碟内，然后再蘸取混合花粉，轻涂在开放雌花的柱头上，或把雄蕊放在雌花旁轻轻涂抹其柱头，授粉后摘片瓜叶覆盖好花朵，以防雨水侵入，提高坐果率。

花生，
民间流传的"长生果"

花生，滋养补益，有助于延年益寿，民间通常称之为"长生果"。相传周朝时，周穆王之女喜欢食用东土山的花生，结果活到了一百多岁，后来，公主吃花生果长命百岁的佳话世代流传，人们从此把花生果称为长生果，意思是吃花生能长生！

瓜果小名片

种植难度：高 中√ 低

别　名：落花生、长生果、番豆

生产地：我国南北各省均可种植

所属类型：蝶形花科落花生属

种植方式：直播或播种育苗，春播于春季4月上中旬种植为宜，夏播则越早越好

收获时间：在温度与光照适宜的条件下，春播花生一般130天，夏播花生一般110天

食用品类：普通型花生、珍珠型花生、多粒型花生、龙生型花生等

种植基本功

温度需求：花生喜温，最适宜温度白天为26～30℃，夜间为22～26℃。

光照需求：花生是高温短日照作物，在长日照下有利于其生长，短日照下则可以促进开花。

播种要点：若选择直播，为提高发芽率，可先将种子用40～50℃的热水浸泡24小时后再播于花盆中。

施肥需求：花生的苗期对氮肥的需求量大，植株开花下针期对氮、磷、钾的吸收比较多，结荚期则需要氮、磷肥比较多。

采收技巧：花生收获应根据植株长相来确定，待植株的上部叶片变黄，中下部叶片由绿转黄并逐步脱落，茎秆转为黄绿色并枯软就可以收获了。

微农场·成长秀

① 花生播种后的半个月，在精心的照料和培育下，花生终于萌芽了，那黄绿色的小芽，很是让人欣喜。

② 又过了一周左右，花生长出了绿绿的小叶子，那么小的一片小叶子看着好可怜，一定要勤快地浇水，让花生的叶子长得更加茂盛。

③ 过了将近一个月左右，花生就会开出嫩黄色的小花朵了……那一朵朵含苞待放的小花，看着就很让人期待它结果的样子呢！

④ 花生开花授粉之后，会从花生花的花管中长出一根紫色的果针，它先向上生长，几天后，果针入土生长，从播种到收获花生大概要一百多天。待花生的茎秆变成黄绿色就可以收获了，扒开土层瞧瞧，那一串串白白胖胖的花生小子，是多么的惹人怜爱啊！

瓜之秘爱

浇水要诀：花生种下后要浇一次透水，以后如果土壤里水分适当就尽量不要浇水。花生怕涝，多雨季节应注意排涝，特别是结荚期要注意防积水，以防烂果。

松土要诀：花生在出苗后应在株行之间及时松土，以消灭杂草，破除土壤板结，增强土壤的通气性，提高地温，促进发根，为花生顺利生长创造有利条件。

甘薯,
让人长寿的"蔬菜皇后"

甘薯最初引入我国是在明朝,后来经推广开始普遍栽种。甘薯既可生吃,也可制作菜肴,还能拌入饭中食用。《本草纲目》有记载,山芋有"补虚乏,益气力,健脾胃,强肾阴"的功效,使人"长寿少疾"。

种植难度:高 中√ 低

别　名:红薯、地瓜、山芋

生产地:我国南北各省均可种植

所属类型:旋花科甘薯属

种植方式:移栽定植或扦插,一般于4月下旬至5月上旬种植

收获时间:主要在10～12月收获

食用品类:食用型、淀粉加工型等

 瓜果营养经

1.甘薯富含大量的膳食纤维,能够有效刺激消化道的蠕动和消化液的分泌,帮助通便排毒,降低肠道疾病的发生率。能增加饱腹感,所以有减肥功效。

2.甘薯中含有丰富的维生素C和胡萝卜素,对提高人体免疫力和防止眼睛干涩、疲劳等有重要的作用。

3.甘薯含有黏蛋白,可以有效保护我们的心脏,并对呼吸道、消化道等有良好的润滑作用。

温度需求：甘薯喜温不耐寒，平均气温要22℃以上，薯苗栽插后需要18℃以上才能发根，茎叶生长期一般低于15℃就会使生长停滞，而低于6℃就会呈萎蔫状，低于0℃就会被冻死。

光照需求：甘薯是喜光的短日照植物，茎叶利用光能的时间较长，效率就会越高。经过一段时间的短日照影响后，多数品种能在每天日照8～10小时下较早开花，当日照延长至12～13小时，能促进块根的形成。

湿度需求：甘薯较为耐旱，土壤水分以60%～80%为宜，当含水量小于50%时会影响甘薯的发根长苗。在采摘的前2个月内宜控制水分，若受涝必会影响产量和品质。

栽培容器：因为甘薯的根系比较深广，所以单株宜选择口径比较大、深度比较高的花盆，数量多的话可以选择庭院直接栽培。

播种要点：用种子繁殖产量低，所以一般采用无性繁殖，即用块根、茎蔓繁殖出苗后再定植。

施肥需求：在北方，生长前期一般以氮素代谢为主，生长后期一般以碳代谢为主，在整个生长过程都应该施有机肥，并配合氮肥。在南方，则需要多次追肥，控制氮肥的用量，以免影响薯块的生长。

采收技巧：由于甘薯的块根为无性营养体，没有其明显的成熟期，所以一般当平均气温下降至12～15℃时，就可以选择在晴天土壤湿度较低时收获了。

微农场·成长秀

① 将甘薯的茎秆剪成约27厘米长，然后栽插到盆土里，一个星期左右的时间，甘薯藤就发出新芽了，嫩绿色的叶子随风摇摆着，别提多美了。

② 过了两三个星期，甘薯藤越长越快，像打了催肥药似的，已向四面八方延伸了，一片绿油油的景象，甚为好看！

③ 甘薯的生长过程一般有发根分枝结薯、蔓薯并长和薯块盛长3个时期，到10月左右，就可以扒开表面的泥土，如果看到红色的饱满的甘薯探出头来，就表明甘薯成熟了哦！

瓜果秘籍

支撑要诀：甘薯是耐旱植物，在第一次栽培入盆时浇一次透水，平时只需保持土壤湿润即可。但在茎叶生长期，如遇干旱的天气，可用小水轻浇。

松土要诀：甘薯在茎叶生长时，它的根系会向土壤的深层发展，所以，种植前最好把泥土挖至一锹半深，松松土壤并清除石子等杂物，改善土壤的透气性，会有助于它的根系往下深扎，吸收土壤中的养料。

施肥要诀：甘薯苗期吸收养分较少，分枝结薯期和茎叶生长期是旺盛的生长时期，对钾肥的吸收增强，可以多补充一些钾肥。

番茄，
象征爱情的红果实

　　番茄，是家庭餐桌上最常见的美味蔬果之一。它既可作为蔬菜进行烹饪，又能作为水果生食。番茄种植极其普遍，全世界范围内，即便是再小的菜园也会有它的身影，可以毫不夸张地说："无番茄不足以成菜园。"

瓜果小名片

种植难度：高　中√　低

别名：西红柿、洋柿子

生产地：我国南北均可种植

所属类型：茄科茄属

种植方式：播种或扦插，于春季3月种植，北方可晚1个月左右

收获时间：温度与光照适宜下，5~7月为收获时间

食用品类：普通大番茄、圣女果（小型）

瓜果营养经

　　1.番茄富含茄红素，茄红素有很好的抗氧化、抗老化的能力，可帮助我们增强免疫力，还可降低心血管疾病。

　　2.番茄还含有苹果酸、柠檬酸和糖类，有助于增强消化吸收功能，具有养胃健胃的功效。

　　3.番茄里丰富的维生素C能帮我们抵御紫外线的伤害。多吃番茄，可以保持肌肤白嫩，防止肌肤晒伤和晒黑。

种植基本功

　　温度需求：番茄喜温，最适宜温度白天为25~28℃，夜间为16~18℃。低于15℃番茄的生长就会受影响，低于0℃时会被冻死，高于35℃也会影响生长。

☀ ‖ 光照需求：番茄是喜光的短日照植物，在由营养生长转向生殖生长过程中基本要求短日照，但要求并不严格，有些品种在短日照下可提前现蕾开花，多数品种则在11～13小时的日照下开花较早，植株生长健壮。

🏔 ‖ 湿度需求：番茄对湿度需求要求不高，除了发芽、出苗期需要大量水分外，其余时期只要保持土壤湿润即可。另外，在种之前、开花期及转熟期都应适当控水，否则容易裂果。

🗑 ‖ 栽培容器：单株宜选口径为30～40厘米、深度25～30厘米的花盆。种植数量多的话，可依据需要选择更大的容器或在庭院直接栽培。

✒ ‖ 播种要点：若选择直播，可以先将种子用50～55℃的热水浸泡10～12小时后再播于花盆中。记得播种前土壤要有一定的湿润度。

🥄 ‖ 施肥需求：番茄需肥量较大，各时期都应保证充足的营养，但各时期对肥品种需求各异。生长前期侧重氮肥，生长后期侧重钾肥，而在整个生长过程中都应贯穿磷肥。成株可每隔10天浇适量的高效复合液肥或开花前施入腐熟的鸡粪肥。

🌿 ‖ 支撑需求：番茄是藤蔓类植物，在出苗一个月左右，长出植株后就要搭设一些支架任其攀爬生长。应先用绳子加以固定，以"8"字结方式绑住支架和茎秆，之间留下空间避免直接勒到茎秆。两三个月后枝繁芽茂，开花结果，原来单支架可能就不够用了，需要加设3～4个支架，并以低、中、高三层固定，甚至可以固定在墙柱上。

🍅 ‖ 采收技巧：一般在开花后40～50天，果实达到坚熟期，即果实已有3/4的面积变成红色或黄色时，即可适时采收了。

① 阳台上又有好几盆番茄苗了，它们都是撒下种子后破土而出的成果，看上去长势不错！

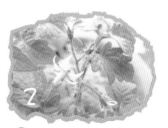

② 番茄苗上逐渐开出一些五角星样子的黄色小花，好漂亮。

微农场·成长秀

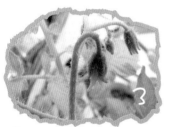

③ 如果偶尔忘记了按时浇水，小黄花会迅速凋零，表达它的"郁闷情绪"。

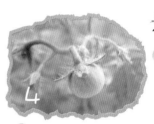

④ 几番细心培植、松土与浇水呵护，小黄花不久就会结出漂亮的小果实！

⑤ 番茄小果实变为完全成熟，中间都会经过绿熟、变色、成熟和完熟4个时期，果实颜色逐渐由青涩变为红彤彤。

浇水要诀：番茄长成植株移入大盆后要浇一次透水，以后每隔3～5天浇1次水。坐果前应控制浇水量，果实膨大期则必须保持盆土湿润。地栽要担心下雨天泥土积水，所以每到雨季就应勤给番茄排水。

松土要诀：番茄基本成熟时，它的根系可潜伏到地下2米深处，所以，种植前最好把泥土挖至一锹半深，松松土壤并清除石子等杂物，会有助于它的根系往下深扎，吸收土壤中的养料。

施肥要诀：番茄小苗在2～3星期生长稳定后，可先补充粒状缓效性肥料，将肥料放在盆器边缘。然后长出第一朵花后，开始施有机肥为佳。

合种要诀：番茄应避免和藤类作物穿插栽种，否则藤类作物攀爬到番茄藤秧上，会争夺阳光和养料。

瓜果链接

番茄虾仁：

番茄的红汁液与虾仁的润红色泽相衬托，让人看起来很有食欲呢！

原料：鲜虾仁300克、番茄200克、香蕉丁与紫葡萄若干、葱末与姜末适量。

做法：1.将番茄、紫葡萄洗净，番茄与香蕉切小丁备用。

2.将新鲜虾仁入水略微烫一下，捞起备用。

3.炒锅烧热，加入葱末、蒜末炒香，续入番茄丁、新鲜虾仁，以大火快速翻炒，最后加入香蕉丁、紫葡萄与调味料拌炒即可。

提示：番茄和虾仁都是低热量食材，又美味可口，特别适合减肥中的"吃货"女性哦！

芋头，
都市菜园里的"新宠"

芋头的种植起源于印度和马来西亚，后来传入我国大面积种植。芋头既可以当作食物，又是烹饪各种菜肴的原料。芋头的做法特别多，包括蒸、烤、炒等。小小的芋头软糯细腻、香甜适口，让人爱不释手。

瓜果小名片

种植难度：高 中√ 低
别名：青芋、芋艿
生产地：主要为南方种植，北方很少种植
所属类型：天南星科芋属
种植方式：直播，于3月中旬种植
收获时间：在温度与光照适宜的条件下，以8～12月收获为主
食用品类：红芋、白芋、九头芋、槟榔芋

瓜果营养经

芋头含有多种矿物质，其中氟的含量最高，有帮助我们防护牙齿、洁齿防龋的作用。芋头还含有多种微量元素，不仅能防癌、抗瘤，还能增强我们人体的免疫功能。同时，芋头含有丰富的黏液皂素，可以帮助我们增进食欲、促进消化。

瓜果营养经

温度需求：芋头喜高温，种芋在13～15℃开始发芽，生长适合温度在20℃以上，球茎白天最适宜生长的温度为28～30℃，夜间为18～20℃。

光照需求：芋头较耐弱光，对于光照的要求不是很严格。在生长前期，要求较长的光照和较高的温度，以促进叶片面积的增加。在散射光下也能生长得良好，但是其球茎的形成和果实的膨大期要求短日照条件。

湿度需求：芋头喜湿，一般土壤的持水量为60%～70%为宜，低于20%则会引起生长不良。

栽培容器：单株宜选口径为30～40厘米、深度25～30厘米的花盆。种植数量多的话，可依据需要选择更大的容器或在庭院直接栽培。

播种要点：可直接播种育苗，将盆栽土装上三分之二，再将种芋的芽朝上摆好，覆盖好土，浇水即可。

施肥需求：芋头的根系发达，需肥量较大，各时期都应保证充足营养。肥料之中最喜欢钾肥，氮肥次之，磷肥较少，在植株的生长过程中需施氮磷钾三元复合肥。

采收技巧：一般等芋叶变黄、根系枯萎时就可以采收了。一般在10月8日至24日采收，采收前一个星期在叶柄基部6～9厘米处割去地上部分，待伤口干燥愈合后再采收，可以防止芋头在贮藏过程中腐烂。

微农场·成长秀

① 将芋头埋在花盆里，等差不多快1周的时间就能萌芽，看着那像荷花叶但又小得多的叶子在微风中舞蹈，希望它能越长越强壮！

② 芋头的特性是不怕水，它的生命力很顽强，繁殖能力也很好，不到1个月的时间，就能繁殖出一大片翠绿的叶子来。

③ 到了秋天的时候，芋头的根会把花盆给撑得满满的，等芋头的叶子慢慢变黄的时候，扒开上面的一层土一看，已经结出许多果实了！

瓜农私授

浇水要诀：芋头长成植株移入大盆后要浇1次透水，以后每隔3～4天浇1次水，始终保持土壤湿润。

松土要诀：芋头根系发达，种植前应把泥土挖松并浇好水，使土壤处于疏松潮湿状态，以便芋头根系的成长。

施肥要诀：芋头小苗在2～3星期生长稳定后，可先补充钾肥，将肥料放在盆器边缘。然后长出第一朵花后，开始施有机肥。

修剪要诀：为了能早些看到果实，不必摘掉花苞或特别修剪枝干，只要注意摘掉第一朵花的芽腋侧芽，以免浪费养分。

授粉要诀：用新毛笔将雄蕊上的花粉蘸下点在雌蕊的柱头上，授粉时间最好在上午9点至下午4点，上午下午各1次，连续授粉3～4天后，用袋子套好扎严实即可。

豇豆,
豆中的"佼佼者"

豇豆, 原产于亚洲东南部, 在我国古代就有栽培。豇豆的吃法多样, 既可以炒食、凉拌, 又可以泡食或腌渍晒干, 难怪李时珍称"此豆可菜、可果、可谷, 备用最好, 乃豆中之上品"。

瓜果小名片

种植难度: 高 中√ 低

别　　名: 角豆、长豆角、长子豆

生产地: 我国南北均可种植, 但以南方为主

所属类型: 蝶形花科豇豆属

种植方式: 直播, 春播于3月中下旬种植。有的品种还可以于夏、秋季种植

收获时间: 在温度与光照适宜的条件下, 春播以6月收获为主

食用品类: 白皮豇、红皮豇、青皮豇、花皮豇等

种植基本功

温度需求: 豇豆喜高温, 耐热性强, 生长适温为20~25℃。

光照需求: 豇豆是喜光的短日照植物, 在由营养生长转向生殖生长的过程中基本要求短日照, 但要求并不严格, 有些品种在缩短光周期后可降低花序的着生节位, 会提早开花和结荚。

湿度需求: 豇豆对土壤的湿度要求不高, 在生长期需要适量的水分。土壤水分过多, 会引起叶片发黄和落叶的现象, 甚至会导致烂根、死苗和落花、落荚。

播种要点: 春豇豆一般采用育苗移栽, 每盆一般两苗或三苗。一般多用直播的方法, 每盆3~4粒种子, 覆土2~3厘米, 播种前盆土应浇透水。

施肥需求： 豇豆前期施肥量少，定植成活后约1周时追肥，施一次稀薄腐熟有机肥即可。成熟期需要施磷钾肥和钾肥，进入旺花结荚期应加强肥水。

采收技巧： 采收宜在傍晚进行，可每天采收1次。采摘时要注意保护其花序，防止碰掉小荚和花蕾。

① 豇豆3月直播后一般3~4天就可出苗了。再过一个星期左右，就能长出三四片小叶子了，弱小的幼苗希望它能越长越好。

② 到了4月下旬，就能开出美丽的淡紫色小花。那花儿真像翩翩起舞的蝴蝶，煞是好看！

③ 到了6月份左右，就能长出长长的豆角了！用手稍微捏捏豆荚里面的豆米，如果感觉比较饱满就可以放心地采收了。

瓜农秘籍

修剪要诀： 当主蔓长出第一个花序时，花序以下的侧枝应全部摘除，花序以上的侧枝要进行摘心，基部留2片叶子即可。当主蔓爬到棚架上时应打顶，以促使下部侧枝萌发花芽。

支撑要诀： 豇豆是蔓生植物，在长出5~6片真叶时应设立支架，初期应按逆时针方向将蔓牵引上架并用绳子固定。

茄子，
抗衰老的"利器"

茄子，原产于印度，于公元4～5世纪传入我国。茄子，性凉味甘，多吃不仅可以补充人体所缺的维生素，对防癌、抗衰老还有积极的功效。全国各地均可种植，是大众餐桌上常见的食品。

瓜果小名片

种植难度：高　中√　低

别名：落苏、昆仑瓜、矮瓜

生产地：我国南北各省均可种植

所属类型：茄科茄属

种植方式：直播，于北方春季3月种植，南方可四季种植

收获时间：在温度与光照适宜的条件下，以7月中旬收获为主

食用品类：长茄子、圆茄子

瓜果营养经

茄子富含维生素P，对降低高血脂、高血压有一定的功效。茄子中还含有龙葵碱，能帮助抑制人体消化系统中肿瘤的增殖，对于预防胃癌有一定的效果。而茄子里含有的维生素E，有防止出血和抗衰老的功能，还可抑制血液中的胆固醇水平。

种植基本功

温度需求：茄子喜温，较耐高温，适宜生长的温度为25～30℃。

光照需求：茄子是喜光的植物，生长期对日照长度要求比较高，尤其苗期在长日照条件下生长旺盛。

湿度需求：茄子的根系发达，

较为耐旱，湿度需求保持在70%～80%，苗期只需保持土壤湿润即可。

🖋 ‖ **播种要点**：若选择直播方式，可先将种子用50～55℃的热水浸泡15分钟，然后再在清水中浸泡10～12小时，待种子吸水膨胀后，捞出沥干再播于花盆中。

🐛 ‖ **采收技巧**：萼片与果实相连的地方有一白色到淡绿色的带状环，如果这条环带宽，表示果实还在生长，不宜采收；如果环带正在消失或已经不明显，就可以采收了。

微农场·成长秀

① 阳台上又有好几盆茄子苗努力地破土而出了，长势不错，期待茄子开花的样子。

② 种在阳台上的茄子经过漫长的等待之后，终于开花了，那一抹紫色的身影着实让人心动！

③ 茄子是超级喜欢阳光的植物，让它时不时地在太阳底下晒晒，开花后不久就能结果了。当小茄子开始长大的时候，茄顶的花瓣就会合拢，像是给茄子戴了顶"帽子"呢！

瓜友私授

施肥要诀：在生长期应一直施有机肥，以花生麸效果最佳。

修剪要诀：一般在茄子主干第一层分枝处，选择两根健壮的枝条留下，呈"V"字形向上生长，其余侧枝一一摘除。

豌豆，
为人类"奉献一生"

　　豌豆，原产于地中海和西南亚，有人认为它是张骞从西域大宛传入我国的，所以取名为"豌豆"。李时珍在《本草纲目》中云："胡豆，豌豆也，其苗柔弱宛宛，故得豌名。"豌豆从幼苗、花、嫩荚到果实都可食用，而且味道鲜美。

44

瓜果小名片

种植难度：高　中√　低

别名：麦豌豆、寒豆、雪豆

生产地：我国南北均可种植

所属类型：豆科豌豆属

种植方式：直播，春播一般北方于4至5月进行，南方于2月下旬至3月上旬进行。另外也可于秋季9月初播种或10月下旬至11月中旬播种

收获时间：在温度与光照适宜的条件下，春播的以6月收获为主

种植基本功

温度需求：豌豆喜冷冻湿润气候，不耐热，耐寒，生长的适宜温度为12～16℃，结荚期适宜温度为15～20℃，超过25℃结荚少、产量低。幼苗期能耐5℃的低温。

光照需求：豌豆是长日照作物，延长光照时间可以使豌豆提早开花，在12～14小时的日照下，能促进开花，且植株生长健壮。

湿度需求：豌豆在整个生长过程中，都要求较为湿润的土壤环境。现蕾开花时开始浇小水，干旱时可提前浇水。结荚期同样需要保持土壤湿润，以促进荚果发育。

采收技巧：豌豆的豆荚颜色从深绿色变为浅绿色，豆粒长到比较饱满的时候就是采收期了，豌豆的嫩豆荚一般在开花后12～14天就可以采收了。

① 阳台上的几盆豌豆苗在阳光雨露的滋润下终于长出叶子了，继续茁壮地成长吧！加油！小豌豆！

② 哇！豌豆终于开花了，还是双色花呢，外面的花瓣呈淡淡的粉紫色，里面的呈玫瑰红色，两种颜色夹杂在一起，很亮眼呢！

③ 经过精心培育，豌豆终于结出了翠绿色小豆荚。捏捏看，里面都是鼓鼓的豌豆籽，炒出来一定很美味。

种菜秘笈

支撑要诀：豌豆是蔓类植物，在出苗后，待植株长到30厘米后，需立支架，因豌豆的茎蔓嫩而密集，宜用矮棚式或立架。

松土要诀：豌豆播种后要浅松土，以促进豌豆的根系生长，使叶片长得更加肥厚。

施肥要诀：豌豆小苗在2～3星期生长稳定后，可先补充复合肥，以促进茎叶生长和开花坐荚。当豌豆进入结荚期，要追施磷钾肥，以促进豆荚饱满。

木瓜,

水果中的"丰胸之王"

木瓜,有"百益果王"之称。木瓜味清甜、肉软滑多汁,既可以生吃,又可做佳肴。经过炖煮之后的木瓜,有丰乳的效果,一直深受女性的青睐。

瓜果小名片

种植难度: 高√ 中 低
别　名: 万寿果、乳瓜
生产地: 一般在南方种植
所属类型: 蔷薇科木瓜属
种植方式: 播种或扦插,春播于3~4月播种,扦插应在2~3月。秋播于10月下旬播种
收获时间: 在温度与光照适宜的条件下,以7~9月收获为主
食用品类: 番木瓜、宣木瓜

瓜果营养经

木瓜富含木瓜蛋白酶和酵素,有健脾消食的作用。所含的碳水化合物、蛋白质、脂肪及多种维生素等营养成分有助于增强机体的抗病能力。同时,木瓜含有的木瓜酶,兼具抗衰老、美白养颜等美容功效。

种植基本功

温度需求: 木瓜喜温,在26~32℃时生长旺盛,低于10℃时生长受到抑制,低于0℃时会受到严重损害甚至会被冻死。

湿度需求: 木瓜的正常生长、开花结果都需要充足的水分,所以保持土壤的湿润很重要。但水分过多、土壤通气性差会对木瓜的生长不利。

播种要点: 可选取一年生、无病虫害且完全木质化的硬枝,截成15~18厘米长的带有3个以上芽的插穗,进行扦插繁殖。

采收技巧: 采收时间以其初熟期为宜,一般在大暑至立秋这段时间。

微农场·成长秀

① 阳台上的木瓜种植了1年才开始慢慢地开花结出1个青色的小果实。看着这青色的"小精灵"，还真是让人爱不释手。

② 又过了好几天，又结了好几个果子，看来今年可以大丰收呢！

③ 再过几天，先前青绿色的木瓜逐渐变成深绿色，这时就可以摘下炒菜吃了，等木瓜变成黄褐色时就能摘下生吃了。

瓜友秘授

修剪要诀： 在冬季至早春树木休眠季节进行修剪，主要剪去枯枝、病枝、衰老枝及密枝，要使整个树形内空外圆，以利于多开花、多结果。木瓜的盛果期，树形基本完成，主侧枝轻截，保持地上、地下部分生长平衡即可。

授粉要诀： 早上10时之前，将当天散粉花朵上的花粉收集于器皿上，然后用毛笔将花粉授在雌花或两性花柱头上，每天上午对当天开放的花朵进行授粉。下雨天通常没有花粉散出，故无法进行授粉。

樱桃，
玲珑娇艳似"朱唇"

　　据传，鲜红的樱桃刚挂枝头，就会引来黄莺的啄食，所以又被称为"莺桃"。它既可以作为水果来食用，也有一定的药用价值，樱桃的果实性温味甘，有调中补气、祛风湿和解毒的功能。再加上樱桃娇小玲珑，晶莹剔透，圆若珍珠，赤若玛瑙，其形色颇似美女的朱唇，所以历来受到人们的喜爱。

瓜果小名片

种植难度：高√　中　低
别称：荆桃、莺桃、车厘子等
生产地：主要在北方种植，南方可以种植南方樱桃品种
所属类型：蔷薇科樱属
种植方式：播种或扦插，于每年3～6月种植，在梅雨季节种植最佳
收获时间：在温度与光照适宜的条件下，以4～6月收获为主
食用品类：红灯、先锋、早红等

瓜果营养经

　　樱桃的含铁量很高，能补充人体对铁元素的需求，并能促进血红蛋白再生，还可防止缺铁性贫血，增强体质，健脑益智。樱桃所含的蛋白质和胡萝卜素等，有助于美白抗皱和祛斑。经常使用电脑的人，颈部、指部关节、手腕、颈部会有不同程度的酸痛情况，樱桃中所含的营养素则是最有效的抗氧化剂，能有效消除肌肉酸痛，对人体大有裨益。

种植基本功

温度需求：樱桃喜温，适宜的温度是15～16℃。

光照需求：番茄是喜光的短日照植物，在由营养生长转向生殖生长过程中基本要求短日照，但要求不严格。有些品种在短日照下可提前现蕾开花，多数品种则在11～13小时的日照下开花较早，且植株生长健壮。

湿度需求：樱桃对土壤的要求不是很高，但土壤缺水会引起樱桃落果。从开花至采收前，如遇干旱天气，应少量浇水。进入成熟期后，降水量大会引起裂果，所以雨季应注重排水。

施肥需求：樱桃对氮、钾肥的需求量最大，并且数量相近，对磷肥的需求量要低得多，氮、磷、钾的适宜比例为10∶1.5～10∶12。另外，樱桃对中量元素钙、镁、硫的需求比例为1.4～2.4∶0.3～0.8∶0.2～0.4。这些元素对提高果实品质有着重要的作用，尤其是钙元素对防止樱桃裂果、提高果实硬度有一定的作用。

播种要点：可直接播种育苗，也可直接将樱桃里面的果核取出，以清水洗去附着的果肉，而后放在阴凉处晾干1～2天后直接播于盆中。

采收技巧：由于樱桃皮薄、个小，所以在采摘的过程中要小心，用手直接捏住果柄轻往上掰，连同果柄一起采摘。

① 将樱桃的小苗移栽到花盆里，栽植好后，勤施肥，浇好水，看着樱桃小苗一天天地长大、强壮，心里也充满了欣喜。

② 樱桃树一般要等两三年之后才能开花，此后就会每年都开花结果。这不，你看，刚开了一簇粉白的花朵，就把蜜蜂都引过来了呢！

微农场·成长秀

③ 开花后大约过20多天，就会陆续结出青绿色的小果实，过不了多久，枝叶间便掩映着一簇簇的果实了。

④ 到了6月左右，青色的小果实便相继变成红色，鲜艳的果实挂在枝头，引得人口水欲滴呢！

瓜友秘授

松土要诀：樱桃的根系较浅，尤其是樱桃树随着树龄的增长，比较容易受旱害、风害和冻害，定植后需要逐年深翻土壤，以加深根系的分布，吸收土壤中的养料。

修剪要诀：一般在采收后进行夏季修剪，采用疏剪去除过密过强、扰乱树冠的多年生大枝，进行树冠结构调整，促进花芽形成。疏除大枝时，注意伤口要小，要平，以利尽快愈合。

葡萄，
象征着甜蜜和幸福

　　葡萄，它与苹果、柑橘、香蕉并称"世界四大水果"，是人们普遍喜爱的果品。葡萄不仅晶莹剔透、玲珑可爱，累累成穗的果实令人垂涎欲滴，而且富含各种营养成分，具有神奇的功效。特别值得一提的是，用葡萄酿造的葡萄酒，更受到全世界人民的青睐。

瓜果小名片

种植难度：高　中√　低

别称：蒲桃、草龙珠、山葫芦

生产地：我国南北均可种植

所属类型：葡萄科葡萄属

种植方式：扦插，一般4月中旬开始种植

收获时间：在温度与光照适宜的条件下，一般7～9月可以收获。

食用品类：巨峰、玫瑰香、红提、柔丁香等

瓜果营养经

　　葡萄富含葡萄糖，可以很快被人体所吸收，有效缓解低血糖现象。它所含的类黄酮，是一种抗氧化剂，可抗衰老，消除自由基。同时，葡萄中还含有一种抗癌向量元素，可以防止健康细胞癌变。

种植基本功

温度需求：葡萄生长的适宜温度为25～30℃，低于14℃时会影响授粉受精，产生畸形果。

光照需求：葡萄是喜光植物，对光的要求较高，光照时数长短对葡萄生长发育、产量和品质有很大影响。光照不足时，新梢生长细弱，叶片薄，叶色淡，果穗小，落花落果多，产量低，品质差，冬芽分化不良。

栽培容器：盆栽葡萄第一年可用单株，宜选口径20～25厘米的容器，2～3年后可用盆口直径30～40厘米的容器。

播种要点：扦插栽培，选择健壮秧苗，插条稍微倾斜完全插入土中，上部芽眼距地面1厘米即可。

采收技巧：采摘时要一手握果梗，一手握果剪，在贴近其果枝处带果穗梗剪下即可。

微农场·成长秀

① 将葡萄枝条插入盆土，经常保持盆土湿润，葡萄就容易成活。看，葡萄正慢慢地长出嫩绿的小叶子。

② 对葡萄经常施肥，把握好光照的时间，勤浇水，浇水要浇透，这样当年就能结出果实了。那一串串青色的葡萄挂在枝头摇摇摆摆的，心里盼望它们快点变红！

③ 终于等到葡萄颜色变红的一天了，你看那一串串如玛瑙般晶莹剔透的紫红色葡萄，真令人垂涎不已！

浇水要诀：浇水时，水温最好接近盆土温度，以上午10点前、下午4点后浇水为宜。水质要好，浇水次数要视季节而定，一般早春气温低，可每隔2～3天浇水1次，随着气温增高，蒸发量加大，可1～2天浇水1次，秋季气温逐渐降低后，浇水的次数逐渐变少，以盆土湿润为宜。

施肥要诀：盆栽葡萄施肥的原则是稀施勤施。尚未结果的盆苗一般从苗高约20厘米开始，每7～10天施饼肥水1次，施到9月底为止。已结果的盆栽葡萄，为保证果实发育的要求，最好每5天施1次肥，果实采收后再按盆苗施肥。要注意每次施液肥后，要立即浇水。还可进行叶面喷肥，方法是在盆栽葡萄生长前期，可喷0.1%～0.3%的尿素溶液2～3次。

瓜果链接

自酿葡萄酒：

原料：葡萄2000克、砂糖或冰糖400克（按每500克用糖量100克来计算）、玻璃瓶子若干。

做法：1.先将葡萄洗净并晾干水分，再将瓶子也洗净晾干备用。

2.戴上手套，将葡萄的果肉轻轻地从葡萄梗处挤出来，然后将葡萄（籽和皮也要放入）铺在瓶底；在铺好的葡萄上平铺一层冰糖或是砂糖，一层层地直至铺到离瓶口5～10厘米处即可。封好口，不用太严实。

3.两周后，用消好毒的纱布盖在瓶口，将发酵好的葡萄汁滤除渣滓之后倒入另1个玻璃瓶中，静置。

4.过1个月之后，酒液下部会出现沉淀，用吸管将酒抽入到干净瓶内密封即可。

苹果，
帮助提高记忆力的"智慧果"

苹果的果实为圆形，味甜或略酸，是我国的一种常见水果。苹果色泽鲜艳，肉质香甜，营养丰富，是调剂人体新陈代谢、增进身体健康之优良果品。苹果在我国栽种至少有两千多年的历史。

瓜果小名片

种植难度：高 中√ 低

生产地：我国南北均可种植

所属类型：蔷薇科苹果属

种植方式：嫁接，一般3～5月种植

收获时间：在温度与光照适宜的条件下，一般种植3年后于7～10月可以收获

食用品类：红富士、元帅、金冠等

 ## 瓜果营养经

苹果富含糖、维生素和矿物质，可以为我们的大脑提供必需的营养素，更能促进人体的生长发育。富含的锌元素，可以帮助提高记忆力和人体免疫力。其中的有机酸能刺激胃肠蠕动，促进大便通畅。

种植基本功

温度需求：苹果怕高温，夏季长时间35℃以上的高温会造成枝条徒长，果实品质下降。冬季应将花盆移到0～10℃的室内过冬。

光照需求：苹果是喜光的植物，耐寒冷，怕湿热。

播种要点：嫁接时要选择枝条健壮的。

采收技巧：当果皮底色由绿变黄时即代表成熟可采。

微农场·成长秀

① 阳台上播种的苹果种子，充分汲取了土壤里的养分，在经过一段时间的等待之后，终于破土而出了。

② 没过多久，苹果树长大了，叶子一茬茬地往外冒，一片绿油油的景象，真盼望苹果树能早点开花呢！

③ 到了5月的时候，苹果树终于开出白色的小花，它的花在含苞时是粉红色的，叫伞房花序。

④ 秋高气爽的时节，种植3年的苹果终于丰收了，一个个又甜又红的苹果让每个吃过的人都回味无穷。

瓜宝秘笈

浇水要诀：浇水要做到"浇透、干透"，避免盆土积水。等到6月花芽分化时，要严格控制浇水量，应等到幼叶萎蔫时再浇水，以促进花芽的形成。

施肥要诀：生长期每20～30天施肥1次，前期以氮肥为主，6月后则停施或少施氮肥，多施磷钾肥以及必要的微量元素。

修剪要诀：苹果在枝条的生长期要及时摘除果树顶端的嫩尖，以阻止枝条延长，使其重新分配营养，这样有利于枝条的发育及花芽的形成，达到多开花、多结果的目的，并能提高果实品质。

芒果，
传说中的"热带果王"

芒果，是世界十大水果之一，其产量仅次于葡萄、柑橘、香蕉、苹果之后，居世界水果第5位，被誉为"热带果王"。芒果树结的果实不仅美观、肉质细嫩、香甜，而且营养价值极高。

瓜果小名片

别名： 檬果、漭果、闷果等

生产地： 主要在南方种植

所属类型： 漆树科芒果属

种植方式： 一般扦插或者嫁接，春植3～4月，秋植9～10月。春植比较好，成活率较高

收获时间： 在温度与光照适宜的条件下，一般于种植3年后的7月可以收获

瓜果营养经

芒果富含胡萝卜素，有益于视力。芒果含有芒果苷，有明显的抗脂质过氧化和保护神经元的作用，还能延缓细胞衰老。它还含有营养素及维生素C等，除了可以防癌，还能防动脉硬化及高血压。

种植基本功

温度需求： 芒果喜热怕冷，最适宜生长的温度为24～27℃，1℃以下小树受冻害，6℃以下花穗、幼果会被冻死。

光照需求： 芒果为喜光果树，充足的光照可促进花芽分化、开花坐果和提高果实品质，改善外观。

栽培容器： 盆栽芒果应尽可能选择大的容器栽培，最好在庭院直接栽培。

播种要点： 可以扦插或者嫁接，也可以将吃完的芒果核直接播于花盆里，不过存活率比较低。

🐛◀▌采收技巧：芒果成熟度常根据果皮色泽由青绿变淡黄或紫红色、果点或花纹明显、果肩浑圆饱满、果肉由白色变为黄色或橙黄色、种壳硬化等判断，一般7月就可收获。

微农场·成长秀

① 花盆里冒出了两片紫红色的新叶子，新叶渐渐变成了绿色，树干则变成了灰褐色，长势非常不错哦！

② 芒果树终于开花了，虽然花朵很小，但是长得很茂密，一簇簇的，还引得很多蜜蜂前来采蜜，真壮观。

③ 种植了3年的芒果，到了秋天，渐渐长大了，先是碧绿色，后来慢慢地变成金黄色，这时就可以享受一把采摘芒果的乐趣了！

瓜农私授

浇水要诀：水分供应对盆栽芒果很重要，要根据气候特点来定。高温夏季因失水较多，所以需多浇水，让盆土保持湿润。

施肥要诀：芒果定植成活后，幼树即可施肥，每隔30～40天施肥1次，以水肥为主，每株每次施用生麸50克沤制的水肥或将钾肥40克加尿素20克兑好后直接淋施在树冠外围。

红枣，
恢复健康的"维生素丸"

红枣，它与"桃、李、梅、杏"并称"中国五果"，且历史悠久。红枣最突出的特点就是维生素的含量很高，可以帮助病人补充维生素，对恢复病人健康大有裨益。

瓜果小名片

种植难度：高　中√　低

生产地：我国南北均可种植

所属类型：鼠李科枣属

种植方式：扦插或嫁接，春栽宜晚，一般在4月左右，移栽在10～11月左右

收获时间：在温度与光照适宜的条件下，一般于种植3～5年后的10月可以收获

食用品类：和田玉枣、金丝小枣、冬枣等

瓜果营养经

红枣富含的环磷酸腺苷是人体能量代谢的必需物质，能帮助我们增强肌力、消除疲劳、扩张血管等，对防治心血管疾病有良好的作用。同时，红枣还富含多种维生素，有滋养皮肤和美容的功效。

种植基本功

‖ 温度需求：红枣喜温，其生长发育要求较高的温度，春季适宜萌芽的温度为13～14℃；18～19℃时适宜抽梢和花芽分化；20℃以上适宜开花，花期适宜温度为23～25℃；果实生长发育适宜温度为24～25℃。当秋季气温降至15℃以下时开始落叶，但枣树在休眠期较耐寒。

‖ 光照需求：红枣喜光，生长要求光照充足，年日照时数在2 000小时以上。5～9月的日照时数总计需在800小时以上。

　　🪣 ‖ 栽培容器：单株宜选口径为20~30厘米的陶瓷盆为宜，种植数量多的话，可依据需要选择更大的容器或在庭院直接栽培。

　　✂ ‖ 采收技巧：脆熟期果皮已渐渐转红，果肉颜色由淡绿色转成绿白色，即可采收。

微农场·成长秀

　①　春天将幼苗定植在阳台上的花盆里之后，没过多久，枣树就成活了，枝条上长出不少的绿芽来。

　②　枣树开花了，像五角星一样的黄色小花，似乎在一夜间开满了枝桠。

　③　种植了3~5年的红枣，到了秋季，终于成熟了，其果实渐渐由青色转成黄色，再慢慢地变红，这时摘一个红枣下来，吃一口，爽脆甘甜，好吃得不得了。

瓜房私授

　　浇水要诀：盆土的持水量低时会影响树体的正常生长和发育。为了保持树体的正常发育，每次浇水必须浇透，土壤的持水量在65%~75%为宜。红枣花期对水分相当敏感，要适时向叶面及周围喷水，以保持较高的空气湿度，从而有利于坐果。

　　施肥要诀：红枣一般施花生麸即可。

夏季种植

绿豆，
炎夏里的"消暑冠军"

绿豆，在我国已经有两千多年的栽培历史，是我国人民的传统豆类食物。绿豆既可以做粮食、蔬菜，又具有非常高的药用价值，有"济世之食谷"之说。在炎炎夏日里，绿豆汤更是老百姓最为喜欢的消暑解渴饮品。

瓜果小名片

种植难度：高　中　低√

别称：青小豆、植豆

生产地：我国南北均可种植

所属类型：豆科菜豆属

种植方式：直播，夏播于6月上旬至7月中旬进行，春播于4月中旬至5月上旬进行

收获时间：在温度与光照适宜的条件下，以8~9月收获为主

瓜果营养经

绿豆中所含的多糖成分，不仅有降血脂的功效，还能防治冠心病和心绞痛。绿豆中富含蛋白质和磷脂，它们均有兴奋神经、增进食欲的功能。绿豆中还含有一种球蛋白和多糖，能促进我们身体里的胆汁分泌并降低对胆固醇的吸收。

种植基本功

温度需求： 绿豆是喜温作物，一般气温在8～12℃就可以发芽了，适宜生长的温度为25～30℃。

光照需求： 绿豆是喜光的短日照植物，具有光期不敏感的特性。在光照12～16小时下有60%的绿豆都能开花。

湿度需求： 绿豆耐旱，但在苗期还是需要一定的水分，花期前后需水量会增加。

播种要点： 若选择直播，可先将绿豆浸种12～24小时，然后用清水冲洗2～3遍，用纱布包起来放在22～25℃下催芽，每天喷水2～3次，2～3天后就可以移栽到花盆中了。

采收技巧： 当绿豆荚成熟变黑时，有条件的可以分期采收，也可以等80%的荚果变黑时一次性收获。

微农场·成长秀

① 随手在阳台上的花盆里播下了几颗绿豆，没想到现在长出了嫩绿色的小苗。那弱弱细细的样子，真是惹人怜爱啊！

② 绿豆的叶子在一天天地长大，慢慢地开出了黄绿色的朵朵小花，虽然不太好看，但看着亲手种植的绿豆苗在发生着变化，心情也很愉快！

③ 绿豆终于结荚了，绿色长长的豆荚，里面鼓鼓囊囊的，可都是绿豆呢！

施肥要诀：绿豆的根瘤有固氮的能力，但增施农家肥和磷、钾肥有增产的效果。施农家肥可在播种前一次施入，施后耕翻盆土。如果来不及施入底肥，在生长前期要施入一定数量的氮、磷肥，以增强根瘤固氮能力和增加花芽分化。总体来说，绿豆应以有机肥为主，无机肥为辅，这两种肥料混合施用即可。

瓜果链接

木瓜绿豆海带汤：

绿豆有清热、解毒及祛火之功效，可以降低胆固醇，在炎热的夏季，绿豆汤是排毒养颜的首选佳品。木瓜含有大量水分、碳水化合物、蛋白质、脂肪、多种维生素及人体必需的氨基酸，不仅有效补充人体养分，还能排除体内毒素。海带也是非常理想的排毒食物。

原料：木瓜500克、绿豆75克、海带丝38克、瘦肉300克，陈皮1小块、盐少许。

做法：1.木瓜去皮、去籽，切成块；瘦肉洗净后切成小方块，焯水后捞起待用；绿豆、百合、海带丝和陈皮洗净备用。

2.砂锅中放适量清水，放入海带、瘦肉、绿豆和陈皮，大火烧开，然后调小火炖2个小时。

3.放百合和木瓜，再炖15分钟，加盐调味即可。

提示：木瓜可以补充人体的养分，绿豆可以清火，海带可以排毒；但是绿豆和海带都是寒凉性的食物，寒性体质的人应该慎食。

青椒，
餐桌上的"配角"更精彩

青椒，由原产地南美洲热带地区的辣椒在北美演化而来，因其营养丰富、味道鲜美而在世界各地广泛种植。青椒果实大而辣味较淡，一般作为蔬菜食用。除了绿色之外，还有红、黄、紫多种颜色，所以被广泛用于配菜。

瓜果小名片

种植难度：高 中 低√

别称：菜椒、大椒、灯笼椒、柿子椒等

生产地：我国各地均可种植

所属类型：双子叶植物纲茄科

种植方式：干籽直播或催芽播种均可，常年可种植，3～5月种植最佳

收获时间：一般播种90～120天即可收获

食用品类：牛角椒、五色椒等

瓜果营养经

1.青椒含有大量的微量元素，这些微量元素有很好的抗氧化的作用，能增强我们的体力，缓解因工作、生活压力所造成的疲劳。

2.青椒含有丰富的维生素C和维生素K，可以有助于防治坏血病，对牙龈出血、贫血、血管脆弱有辅助治疗的作用。

3.青椒所含的辣椒素不仅能增进食欲、帮助消化、促进胃肠蠕动、防治便秘，还能促进脂肪代谢及防止体内脂肪的堆积。

🌱 种植基本功

🌡 **温度需求：**青椒喜温，适宜的温度为15～35℃。种子生长的适宜温度为25～30℃，苗期白天最适宜的温度为25～30℃，夜间为15～18℃。低于15℃会影响种子的发芽生长，低于0℃会让其冻死；高于35℃也会对其生长有影响，高于40℃会让其热死。

☀ **光照需求：**青椒是短日照作物，对光照需求不高。每天光照10～12小时有利于开花结果，且植株强壮。

🏔 **湿度需求：**青椒喜湿润，怕旱涝，应加强水分管理，要使土壤湿润而不积水。开花结果期如遇干旱，要适时浇水，以保持土壤的湿润度。

🗑 **栽培容器：**单株宜选直径为30厘米以上、深度25～30厘米的花盆。种植数量多的话，可依据需要选择更大的容器或在庭院直接栽培。

✒ **播种要点：**若选择直播，为提高发芽率，可先在50～55℃的热水中浸泡15分钟，放至常温后拿出洗净，再放入清水中浸种4～5小时，再播于花盆中，播种前将土壤浇透水。

🪶 **施肥需求：**青椒的需肥量较大，各时期都应该保证充足的营养。初期宜施完全肥，每7～10天追施1次腐熟有机肥，浓度不宜过大；生长期需要较多氮肥；开花及结果期需要较多的磷钾肥。

📋 **采收技巧：**一般待花谢后2～3周，青椒的果实充分膨大、色泽青绿时就可以采摘了。也可在果实变为黄色或红色时再采摘。注意尽量分多次采摘，要连果柄一起摘下，留较多果实在植株上，可以对提高产量有所帮助。

微农场·成长秀

① 阳台上的青椒，经过1个多月的精心栽培后，终于成功"进化"成小苗了，看到它们苗壮地成长，心里真高兴。

② 又过了两个多月，青椒终于开出了白色的小花儿，有些花儿还没等到长出果实就掉落了，是不是缺肥了呢？

③ 给青椒施了许多肥料之后，它们渐渐地开始结果。你瞧，这棵小苗上的果实已经长出了一个小尖尖呢！

④ 花谢了之后，青椒就慢慢地长大了，绿色的果实挂在枝头，在微风中跳着舞，很是可爱呢！

瓜友秘授

浇水要诀：青椒长成植株移入大盆后要浇1次透水，以后一般不干则不浇水，开花前要注意控制水分以免枝叶徒长，结果期需要较多的水分，应避免干旱。

支撑要诀：因为青椒的种苗容易倒伏，所以青椒可在播种后12周竖立支柱，将橡皮筋或绳子绕成"8"字形固定住支柱和茎部，不要固定得太紧。

施肥要诀：青椒小苗在2~3个星期生长稳定后，施鸡粪肥和花生麸等有机肥都可以。待逐渐长出果实后可以开始追肥，频率为每两周1次，将0.3%~0.5%的磷酸二氢钾溶液倒入水壶内，然后喷洒在远离植株的土壤上。

修剪要诀：当主干顶端分叉时可进行修剪。

草莓，
老少皆宜的"水果皇后"

　　草莓，原产于欧洲，于20世纪初传入我国。草莓外观呈心形，鲜美红嫩，果肉多汁，芳香宜人，营养丰富，故有"水果皇后"的美誉。草莓的吃法有很多，可以生吃，也可以拌以奶油共食，还可以榨汁饮用。多吃也不会上火，是老少皆宜的健康食品。

66

瓜果小名片

种植难度：高　中√　低

别　名：洋莓、地莓、红莓

生产地：我国各省均可种植

所属类型：蔷薇科草莓属

种植方式：直播或扦插，南方一般于9～10月种植，北方于8月种植

收获时间：在温度与光照适宜的条件下，一般6～7月可以收获

瓜果营养经

　　草莓富含鞣酸，鞣酸可以在我们体内吸附和阻止致癌化学物质的吸收，帮助防癌。草莓还含有胡萝卜素，胡萝卜素是合成维生素A的重要物质，有明目养肝的作用。

种植基本功

　　温度需求：草莓生长的适宜温度为20～25℃，低于0℃会影响授粉受精，产生畸形果。冬季要放在室内生长，室温要保持在15℃左右。

　　光照需求：在花芽形成期，每天要进行10～12小时的短日照。在开花结果期和生长旺盛期，需要12～15小时较长的时间进行日照。

　　播种要点：若选择扦插栽培，可选择健壮秧苗，将苗木根剪留10厘米左右，放入花盆中。

　　采收技巧：一般每日或隔日采收1次，在其表面3/4变红时采收即可。

微农场·成长秀

① 种植草莓选用黑色的土最好，浇水也很重要，一旦表层的水十∫就要浇水，然后放在阴凉处，过不了多久，草莓的种子便会发芽了。

② 待草莓出芽后，叶子慢慢地会从蜷缩的状态慢慢地伸展开来，每天日照十个小时左右，可以加快它的成长哦！

③ 矮小的草莓苗儿终于开出了点点白色的小花朵，小花掩映在一大片绿叶之中，很是好看呢！

④ 夏季是草莓成熟的季节，绿叶丛中渐渐地露出了草莓那红红的"笑脸"……

瓜友秘授

浇水要诀：草莓植株定植后要浇适量的水，放在阴凉处保湿，不能过干或过湿，经常保持盆内土壤的湿润度即可。在夏季，早晚都要浇水。

施肥要诀：草莓一年多次开花结果，所以需肥量大。可用鱼骨、家禽内脏等加水腐熟发酵，沤制成液态肥水或追施复合肥。一般一个星期追肥一次。

芝麻，
油料作物中的"领跑者"

芝麻，它和油菜、大豆、花生一起并称我国四大食用油料作物。其中，芝麻是它们之中的"佼佼者"。我国自古以来就有许多用芝麻和芝麻油做成的食品，这些食品一直备受人们喜爱。

瓜果小名片

种植难度：高 中√ 低

别　名：胡麻、白麻

生产地：我国各省均可种植

所属类型：胡麻科胡麻属

种植方式：直播或育苗移栽，夏播于5月下旬至6月上旬进行，秋播于7月上中旬进行

收获时间：在温度与光照适宜的条件下，以10月收获为主

食用品类：白芝麻、黑芝麻

种植基本功

温度需求：芝麻种子的发芽最适宜的温度为24～32℃，在20～24℃会发育良好，低于15℃以下会导致幼苗发育停止，植株根系容易腐烂。

光照需求：芝麻是喜光的短日照植物。光照充足、提高地温可以促进幼苗生长，还有利于光合作用的进行。

湿度需求：芝麻在苗期生长时需要适当水分，一般苗期的盆土含水量为65%～70%。开花结荚期，需水量大，但是又不耐渍，所以要注意土壤的干湿程度，地栽的要在雨季及时排水。

播种要点：若选择直播，可先在清水中浸种6～8小时后，再播于盆中。

施肥需求：芝麻的基肥以有

机肥为主，配合过磷酸钙和草木灰，基肥应浅施。在酸性土壤，基肥应增施石灰、草木灰。

采收技巧：一般等芝麻的植株变成黄色或黄绿色，植株叶片脱落2/3以上，下部蒴果的种子已充分成熟，种皮呈固有色泽时就可收获了，一般在十月左右。

微农场·成长秀

① 芝麻的种子在适宜的温度与湿度下，三四天即可出苗，又过了一个月左右，植株开始长出6~8对真叶。

② 芝麻现蕾之后，经过7天左右，会逐步开花，单株的开花规律为先内后外，由下而上，逐步开放。

③ 待芝麻全株都开花之后，经过自行授粉，就进入了结荚期。绿绿的如咖啡豆一般的小果实挂在植株上，也是不错的风景呢！

瓜农私授

施肥要诀：土壤中磷钾含量低的地区应增施磷钾肥。根外施肥一般用0.4%磷酸二氢钾，在始花到盛花期，选晴天下午喷施，隔两天再喷施一次。在缺硼的地区应施用硼肥。

荸荠，
水中的"人参"

荸荠，因为形状、性味、成分和功用都与栗子相似，又因它在泥中结果，所以荸荠又被称为地栗。荸荠肤色紫黑，肉质洁白，味甜多汁，清脆可口，在我国古代就有"地下雪梨"的美誉，北方则称它为"江南人参"。

瓜果小名片

种植难度：高 中√ 低

生产地：我国南北均可种植

所属类型：莎草科荸荠属

种植方式：育苗移栽，可在6月底至7月初育苗，7月下旬移栽

收获时间：在温度与光照适宜的条件下，以10月至翌年3月收获为主

瓜果营养经

荸荠中含有一种抗菌成分——荸荠英，它对大肠杆菌、金黄色葡萄球菌、产气杆菌和绿脓杆菌均有抑制作用，还可在夏季辅助治疗急性肠胃炎。荸荠中含有的粗蛋白和淀粉有利于肠道蠕动。同时荸荠中含有一种抑癌成分，可以帮助治疗食道癌。

种植基本功

温度需求：荸荠喜温，生长适温为25～30℃，结球的适温为20～25℃。休眠时的球茎能耐3～5℃的低温，但不能受冻。

光照需求：荸荠喜光，长日照条件下有利于荸荠的分株、分枝和叶状茎的生长，但是在秋季光照转短后，与较低的夜温相结合，才能结球。

湿度需求：荸荠生长、发育期间始终不能断水，但适应较浅水位。

播种要点：育苗移栽。催芽时，将种荸芽朝上，排列在稻草上，叠放3~4层，上铺一层薄薄的稻草，每天浇水保持湿润。气温在12℃以上时，7~10天即开始萌芽。当芽长到3~4厘米且幼根开始发生时，即可栽植到盆里。

微农场·成长秀

1 将从超市买来的芽头粗壮的荸荠放入陶瓷容器中，开始育苗，水位只需到荸荠的一半即可，但不能断水，7天左右就能萌芽了。

2 将育好的荸荠苗移栽到大盆中，过不了多久，荸荠苗便长出许多细细长长的像小葱般的叶子呢！

3 待荸荠植株的上部枯死，地下的球茎就渐渐长成了，这时就可以采收了。

瓜友秘授

浇水要诀：荸荠的整个生长期都不能缺水，特别是球茎膨大期，更不宜缺水。

施肥要诀：以施有机肥为主，生长初期如追施过多化肥，会引起茎叶生长过旺，导致倒伏和病害发生。

黑豆，
土生土长的"豆中之王"

黑豆，它起源于我国，其种植历史十分悠久，因种子颜色黑而得名。黑豆既是一种粮食作物，也是一种油料作物，不仅可以吃，还可以作为饲料，甚至还能入药。

瓜果小名片

种植难度：高　中√　低

别名：橹豆、乌豆、枝仔豆、黑大豆

生产地：我国南北均可种植

所属类型：豆科大豆属

种植方式：直播或育苗移栽，于7月中旬至8月上旬播种，也可在3月上旬和5月下旬播种

收获时间：在温度与光照适宜的条件下，一般在6~11月收获

瓜果营养经

黑豆富含的维生素E能保护机体细胞免受自由基的毒害。黑豆中还含有异黄酮，可以帮助女性补充植物雌激素，同时它含有的花青素，具有抗氧化、养颜美容及增加人体胃肠蠕动的作用。它还含有一些微量元素，这对延缓人体衰老和降低血液黏稠度有一定的效用。

种植基本功

温度需求：黑豆喜温，生长适温为18~30℃。

湿度需求：黑豆对于水分非常敏感，在开花期遇干旱要及时浇水，以促进籽粒的饱满和植株的健康。

播种要点：若选择直接播种，为

提高发芽率，可先将种子在20～30℃的温水中浸泡6～12小时再播于盆中。

　　🐛‖采收技巧：当黑豆茎叶及豆荚变黄，茎秆干枯，摇动植株有响声，豆粒归圆及落叶达80%以上时即可收获。一般在8月左右就可以收获了。

微农场·成长秀

① 将没有损伤的黑豆种子用卫生纸铺上，浇水保持湿润，待到发芽后再栽到花盆里，过不了几天便会长出嫩绿的幼苗来。

② 黑豆的植株越长越旺盛了，在枝叶间也隐约开出了几朵小白花，今天看到黑豆的叶子居然被不知名的小虫子吃了几片，希望不会影响到它的生长。

③ 终于等到黑豆结出了月牙形的绿色果实，看到自己的辛苦劳动终于有了收获，很是开心呢！

瓜香秘笈

浇水要诀：黑豆在苗期至分枝期，土壤含水量低于18%时，应浇以小水。开花前，含水量低于21%时，要及时浇水。鼓粒期，也要适时浇水。

施肥要诀：黑豆在结荚期需在根外喷施磷酸二氢钾1～3次，浓度为0.2%。

玉米，
"浑身是宝"的草本植物

玉米与小麦、稻谷并称为三大粮食，对于人类温饱问题的解决起到了很大作用。玉米全身都是宝，果实不仅可以榨汁，还可以被做成各种佳肴，它的茎叶和须还有一定的药用价值。时至今日，玉米依然是人们餐桌上的"常客"。

瓜果小名片

种植难度：高 中√ 低
别　名：玉蜀黍、包谷、苞米
生产地：我国南北均可种植
所属类型：禾本科玉米属
种植方式：直播，以7月上旬至8月中旬为佳
收获时间：在温度与光照适宜的条件下，以9～10月收获为主
食用品类：黄玉米、白玉米、黑玉米、糯玉米、甜玉米等

瓜果营养经

玉米中富含维生素C，能帮助人们美容、明目、长寿、预防高血压和冠心病。玉米中还含有多种人体必需的氨基酸，可以帮助人们促进大脑细胞的正常代谢，有利于排除脑组织中的氨。

种植基本功

‖温度需求：玉米喜温，种子发芽的适宜温度为25～30℃，成熟期需保持在20～24℃；低于16℃或高于35℃时对植株的生长均有影响。

‖光照需求：玉米是喜光的短日照植物，日照在12小时内，成熟会提早。长日照时，玉米的开花会延迟，甚至不能结穗。

‖湿度需求：土壤水分过多或土质黏重、板结，通气性就会差，不利于发芽。土壤水分过少，水分供应不足，也会影响发芽。

‖栽培容器：单株种植时花盆宜越大越好。

🌱‖播种要点：若选择直播，可先将玉米种子放在20～25℃的温水中浸泡两昼夜，捞出后晾干播于盆中。

🧱‖施肥需求：玉米的需肥量较大，一般一个盆里可以掺入0.75%的腐熟鸡粪和0.25%的炉渣灰。穗期的需肥量较大，氮、磷、钾肥的结合对于植株生长较好。

🌾‖采收技巧：当玉米粒变硬，荒叶变黄，苞叶干枯，就到最佳收获时期了。

微农场·成长秀

① 将玉米的种子买回来之后，就可以直接播种在花盆中了。将花盆放在光线好的地方，就可以静待种子发芽了。过20天左右，便会长出绿色的小叶子了！

② 玉米长得越来越高了，开始慢慢地抽穗开花了，真是非常期待玉米结果时的样子啊！

③ 终于结出了玉米棒子，在那层层绿色外衣的包裹下，里面又是怎样的一番景象呢？

瓜友秘授

浇水要诀：播种期需水量小，如果盆土较干，要及时浇水。定苗后（小喇叭期）浇水1～2次，抽穗时期（大喇叭期）浇水1～2次，根据降雨多少，一般情况下浇水4～5次。

甜菇娘，
稀特蔬果中的"超级营养品"

甜菇娘又称毛酸浆，以果实供食用。原产于我国，南北均有野生资源分布。毛酸浆在中国栽培历史较久，在公元前300年，《尔雅》中即有毛酸浆的记载。现在在我国东北地区种植较广泛，其他地区种植较少，仍属稀特蔬果。

76

瓜果小名片

种植难度：高 中 低√
别名：戈力、洋菇娘、毛酸浆
生产地：主要北方种植
所属类型：茄科酸浆属
种植方式：直播，可于6月下旬至7月进行育苗，8月上旬定植。也可选择春播
收获时间：在温度与光照适宜的条件下，夏播一般9~10月采收
食用品类：红菇娘、小黄菇娘、大鼻子菇娘

瓜果营养经

甜菇娘含有大量的橡胶酸铁铵，对治疗再生障碍性贫血有一定的疗效。甜菇娘含有人体所需的多种维生素，含糖30%，并含有18种氨基酸及微量元素。

种植基本功

温度需求：甜菇娘性喜高温，不耐霜冻。种子在30℃左右发芽迅速；幼苗生长期适宜温度为20~25℃，夜间不低于17℃；开花结果期以白天为20~25℃、夜间不低于15℃为宜，否则易引起落花落果。

光照需求：甜菇娘对光照要求比较敏感，需要充足的光照。光照不足时，植株徒长而细弱，产量下降，浆果着色差，品味不佳。

播种要点：若选择直播繁殖，可先用45℃的热水浸种。

采收技巧：当宿萼呈红色时即可采收。

微农场·成长秀

1 在花盆里播下种子差不多4个月之后，甜菇娘就开出了惹人喜爱的奶白色的小花，点缀在绿叶间异常好看。

2 经常将花盆放在阳光充足的地方晒晒，有利于它结果。这不，你看，那一个个青色的小浆果挂在枝叶间，是不是很养眼啊？

3 只有勤浇水、常晒太阳，甜菇娘的果实才会着色这么均匀哦！

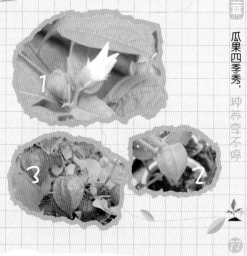

瓜友秘授

浇水要诀：移栽到花盆后需浇1次透水，定植后耙下盆土再浇1次水。生长期应适当浇水，保持土壤湿润，每5～7天浇1次水，夏季每3～5天浇1次水。

施肥要诀：在施肥上要以有机肥为主，补施化肥。生长前期以氮、磷肥为主，后期则以磷、钾肥为主，以保证各个时期的需要。

松土要诀：甜菇娘定植初期，每浇水后即耙地一次，以使土壤疏松，提高盆内的地温，促进根系发育。

支撑要诀：因为甜菇娘分枝较多、匍匐性强，必须进行搭架。一般用竹竿插入盆土中，搭成"人"字架或篱壁架。植株每长30厘米即人工绑蔓1次。

火龙果，
减肥排毒数第一

火龙果营养丰富，既可以生吃，也可以做菜吃。它富含许多粗纤维，对减肥排毒都很有功效。火龙果像个胖胖的大萝卜，颜色艳丽，模样很可爱。

瓜果小名片

种植难度：高 中√ 低

生产地：主要在南方种植，北方可在温室种植

所属类型：仙人掌科量天尺属

种植方式：扦插或育苗移栽，于夏季6～8月种植，春季也可种植

收获时间：在温度与光照适宜的条件下，以6月下旬至10月收获为主

食用品类：红龙果、玉龙果、黄龙果

瓜果营养经

火龙果中富含花青素，花青素是一种抗氧化剂，可帮助人们抗氧化、抗自由基和抗衰老，抑制脑细胞变性，预防痴呆症的发生。

种植基本功

温度需求：火龙果喜温，生长的最适宜温度为25～35℃，只要温度不长时间低于8℃的环境中都可以栽植。

光照需求：火龙果喜光，但是较耐阴，充足的光照可使植株更为强壮且多孕蕾，如果光照时间不足，会导致植株徒长，开花较少。

播种要点：若用扦插繁殖，可选取健壮肉茎直接插入土壤中。

　　◈‖施肥需求：火龙果的需肥量大，除了苗期应加强肥水外，在开花前的半个月，还应追施1次有磷、钾的有机液肥，一般每5～7天施肥1次。

　　◈‖采收技巧：火龙果从开花到果实成熟，大约需要30天，当果实由绿色逐渐变为红色，果实微香、色泽鲜艳时，就可以采摘了。

微农场·成长秀

❶　将火龙果的枝条直接扦插在盆中，辛勤培育，不久即可成活，不过要过3年才能开花。

❷　火龙果是热带植物，喜欢阳光，待火龙果的植株强壮之后，可以在植株旁立根杆子与植株绑在一起，防止结果时主茎不堪负重。看，绿色的果实从长长的茎叶中探出来了。

❸　过了1个月左右，火龙果的果实由绿色逐渐变为红色，意味着火龙果成熟了。那娇艳的外表，一看就让人忍不住垂涎欲滴。

瓜友秘籍

　　浇水要诀：浇水的次数多少视季节而定，一般春天蒸发量小，植株生长缓慢，水分消耗少，所以可以少浇水。

　　授粉要诀：在傍晚时分，用新毛笔从一朵花的雄蕊上蘸点花粉，弹在另一朵花的雌蕊柱头上即可。

西番莲，
来自巴西的"情人果"

西番莲，它的英文名为Passion fruit，"Passion"意为"热情、恋情"，因此百香果也被称为"爱情果""情人果"。又因其果汁具有芒果、香蕉等多种水果的香气而闻名，在国外更有"摇钱树"的美称。它不仅可以生吃和制成果汁，还是加工果酱、果冻和冰淇淋等最理想的果品。

瓜果小名片

种植难度：高 中√ 低

别称：百香果、鸡蛋果、受难果、巴西果

生产地：以南方种植为主，北方可大棚种植

所属类型：西番莲科西番莲属

种植方式：扦插，一般家庭可在7～8月进行种植。北方温室可全年栽培

收获时间：在温度与光照适宜的条件下，一般7～9月可以收获

瓜果营养经

西番莲中的超纤维能深入肠胃中最细微的部分，帮助我们排出有害物质，并改善肠道中菌群的形成，起到保护肠胃的作用。食用它的果肉可以增加人体的饱腹感，因而可以抑制人体对脂肪的吸收，有助于塑造优美体态。

种植基本功

温度需求：西番莲适宜的生长温度为15～33℃，33℃以上、15℃以下时生长缓慢，低于10℃基本停止生长，6℃以下嫩芽出现较微寒害，4℃时叶片和藤蔓嫩梢干枯，在低于0℃以下的地区需要用大棚栽培。

光照需求：西番莲属喜光的长日照植物，具光周效应，即日照时数12小时以上，可促进花芽形成和开花。在年日照时数2300～2800小时的地区生长良好。

湿度需求：西番莲喜欢比较高的空气湿度，而大多数人家里的空气比较干燥，所以要经常给植株进行喷雾。喷雾不仅可以有效增加空气的湿度，还可以将叶片上的尘土冲掉，以利于植株进行光合作用。

播种要点：扦插栽培。扦插繁殖时选取老熟、充实的枝蔓做材料，每条插枝以两节或三节最佳，下切口离节间1厘米，这样最易生根。

支撑需求：要及时搭架，像搭葡萄架一样，可采用篱架、棚架、T形架或者简易竹竿支架等。庭院栽植可选择大棚架。

修剪需求：幼苗定植成活后，留1～2条主蔓上架，剪去过多侧枝。

采收技巧：采收自然落下的果实，且落地时间不能超过3天，未成熟的果实不宜采收。果表上有80%呈黄或紫红色，为最佳采摘期。

微农场·成长秀

① 从没想到西番莲开的花竟然这么醉人，繁枝茂叶间开着这样一朵白色的花，特别显眼。花瓣居然是丝状的，里面的花蕊好似绿色的蟹爪！

② 待西番莲的花朵渐渐凋谢，慢慢地，长出了一颗颗碧绿的果实，真是令人大开眼界啊！

③ 待青色的果实慢慢转为红褐色时，就可以采摘了。西番莲芳香浓郁，酸甜可口，可以生吃或打成果汁饮用。

瓜友秘授

浇水要诀： 浇水时，水温最好接近盆土温度，以上午10点前、下午4点后浇水为宜。水质要好，浇水次数要视季节而定，一般早春气温低，可每隔2～3天浇水1次，随着气温增高，蒸发量加大，可1～2天浇水1次。秋季气温逐渐降低后，浇水的次数逐渐变少，以盆土湿润为宜。

施肥要诀： 前期以氮肥为主，混合花生麸水淋施，每次淋0.2%尿素和15%的花生麸水，每株每月2次，施肥量随苗木长大而增加，并配合叶面喷施肥水。进入产期后，应增施磷钾肥，促进花芽分化，每株施250克复合肥加50克钾肥。

西瓜，
西域派来的"友好使者"

西瓜，是西域传来的瓜。五代以前，虽然它已传入我国东南沿海地区，但不叫西瓜，因其性寒解热被称寒瓜。明代李时珍在《本草纲目》中记载："按胡峤于回纥得瓜种，名曰西瓜。则西瓜自五代时始入中国；今南北皆有。"这说明西瓜在我国有悠久的栽培历史。

瓜果小名片

种植难度：高 中 低√

别名：夏瓜、寒瓜、青门绿玉房等

生产地：我国各省均可种植

所属类型：葫芦科西瓜属

种植方式：直播或育苗移栽，一般夏播在7月下旬进行，春播于3月中下旬至5月下旬进行

收获时间：在温度与光照适宜的条件下，一般6～10月可以收获

瓜果营养经

1.西瓜可清热解暑、除烦止渴，因为西瓜中含有大量的水分，在急性热病发烧、口渴汗多、烦躁时，吃上一块西瓜，症状会马上得到缓解。

2.西瓜所含的糖和盐能利尿并消除肾脏炎症，蛋白酶能把不溶性蛋白质转化为可溶的蛋白质，以增加肾炎病人的营养。

3.西瓜还含有能使血压降低的物质。此外，西瓜还有利尿的作用，对减少胆色素的含量、使大便通畅及治疗黄疸有一定作用。

种植基本功

 温度需求：西瓜喜高温干燥气候。生长适宜温度为25～30℃，6～10℃时易受寒害。月平均气温在19℃以上的月份全年多于3个月的地区才可进行露地栽培。

光照需求：西瓜是喜光的长日照植物，要求每天的光照在10小时以上，光照不足时会表现出蔓粗、株形紧凑、节间和叶柄较短、叶大厚实、叶色翠绿等现象。

栽培容器：盆栽西瓜的盆要越大越好，最好选择庭院直接地栽，因为西瓜的根系可以扎入土里1米多深，种在花盆中会限制果实的膨大，结出的果实会没有正常的大。

播种要点：若选择直播，可先用55℃的热水浸种消毒，不断搅拌至水温降至30℃左右后再捞出进行催芽，完成后再播于盆中。

浇水要诀：西瓜在苗期可适当多浇水，以促进瓜苗生长，生长中后期要适当控水，防止瓜藤生长过旺，特别在西瓜快成熟时不能浇水，防止裂瓜。浇水时间也有讲究，天冷时要在中午浇水，天热时应在早晚浇水。

施肥要诀：用市售复合肥比较好，平时也可以浇些洗米水。

采收技巧：西瓜成熟后，果皮坚硬光亮，花纹清晰，果实脐部和果蒂部向内收缩、凹陷，果实阴面自白转黄且粗糙，果柄上的绒毛大部分脱落，坐果节前后1～2个节卷须枯萎等，这些都可作为西瓜成熟的标志。

微农场·成长秀

① 将盆土浇透水，再将西瓜的种子小心翼翼地埋在土里，没多久就能长出青绿色的小苗。

② 不知不觉，西瓜已经种下了一个多月了，西瓜苗越长越高，所以给它搭了架子，不久，长出了黄色的小花，应该离结果不远了呢！

③ 终于进入果子的膨大期了，看着西瓜一点点地长大，喜悦之情难以言表啊！

④ 西瓜成熟了，摘下西瓜切开，里面瓜子黑果肉红，煞是美丽！辛劳了一场，值得！

瓜友秘授

支撑要诀：如果种在阳台上，空间比较大，或者是在庭院栽培，可以选择让西瓜的蔓横着长，竹竿可以随意摆放；如果阳台的空间比较小，就要在花盆四周插上竹竿，摆成格子状后用绳子绑好。

授粉要诀：在晴好天气，上午8点左右开始授粉，尽量在中午11点之前授完粉。具体授粉做法是，摘下当天开放的雄花，将花粉集中到一个干净的器皿（如碗）中混合，然后用软毛笔或小毛刷蘸取花粉，对准雌花的柱头，轻轻涂抹几下，看到柱头有明显的黄色花粉即可。在阳台上种瓜，不授粉是不能结瓜的。

菠萝，
岭南水果中的一朵"奇葩"

菠萝，原产于巴西，16世纪传入中国，与荔枝、香蕉、木瓜并称为"岭南四大名果"。菠萝的果肉金黄香甜，富含果糖、蛋白酶等物，味甘性温，具有解暑止渴、消食止泻之功，有很高的营养价值，是夏季医食兼优的时令佳果。

瓜果小名片

种植难度：高 中√ 低
别名：凤梨、黄梨、番梨
生产地：以南方种植为主，北方可在温室栽培
所属类型：凤梨科凤梨属
种植方式：芽苗繁殖，即老茎切块繁殖，6～8月可以种植，此外3～5月和9月也可种植
收获时间：一般6～8月收获为佳
食用品类：卡因类、皇后类、西班牙类、其他杂交种类

瓜果营养经

菠萝含有丰富的B族维生素，能防止肌肤干裂，滋润头发使之光亮，并能消除身体的紧张感和增强机体免疫力。菠萝中还含有蛋白酶，可以帮助分解我们食物中的蛋白质，并能增强胃肠蠕动。

种植基本功

温度需求：菠萝喜温暖气候，在15～40℃都能生长，以28～32℃为最适宜，15℃以下生长缓慢，5℃是受冻的临界温度，43℃高温即停止生长。

光照需求：菠萝喜欢阴凉的环境，不能暴露在直射阳光下，但也需要适当的阳光。一天日照以12小时为宜。

播种要点：若选择芽苗繁殖，可直接切下健康新鲜的菠萝的冠芽——菠萝果实的顶部，放在通风处晾两天，等切口干燥愈合，将冠芽悬空放在一个装了水的瓶子口，让冠芽尽可能地贴近水面又避免直接接触。

采收技巧：北方栽培菠萝，从定植到果实成熟需11个月，熟透的菠萝果皮较平、露黄，并散发出香味。用果刀采收时需保留2cm的果柄，除去顶托芽。

微农场·成长秀

① 将从超市买来的菠萝切下上面的冠芽，放入玻璃瓶中催芽，待冠芽下长出白色的根须后就可放心地移栽到花盆中了。

② 待新叶长出时，便可以开始施复合肥了。在菠萝成长的过程中，如果植株间有变黄的叶子要及时摘除，这样过12个月左右，植株中间就能结出小小的果子了。

③ 随着时间的推移，植株中间的小果实也在慢慢地长大呢！

瓜友秘籍

浇水要诀：生长期间应保持盆土湿润，同时在浇水时把叶筒灌满水，冬季则需控制水分。生长时要经常向叶面喷水，以提高空气湿度。

施肥要诀：生长期对肥要求不严格，可根据情况，按氮、磷、钾2∶1∶3施用。

山楂，

平民喜欢的"长寿食品"

　　山楂，它开的花呈白色，果实近球形，红色，味酸甜。因老年人常吃山楂制品能增强食欲，改善睡眠，保持骨和血中钙的恒定，预防动脉粥样硬化，使人延年益寿，故山楂被人们视为"长寿食品"。

瓜果小名片

种植难度：高√　中　低

别名：山里果、山里红、酸里红等

生产地：以北方种植为主

所属类型：蔷薇科山楂属

种植方式：嫁接、分株、扦插、种子繁殖，其中嫁接于夏季6～8月繁殖，春秋也可种植

收获时间：在温度与光照适宜的条件下，一般9～10月可以收获

瓜果营养经

　　山楂富含胡萝卜素、钙、齐墩果酸、鸟素酸、山楂素等三萜类烯酸和黄酮类等有益成分，能帮助人体舒张血管、加强和调节心肌，也有降低血清胆固醇和降低血压的功效。

种植基本功

　　温度需求：山楂是比较耐寒的果树，对温度要求不严格，一般年平均气温为6～15℃即可生长。

　　光照需求：山楂是喜光性树种，但对光照条件差的环境也有一定的适应性。不过光照充足时，果实色泽艳丽，营养成分含量高，维生素C也很丰富。

　　栽培容器：应选择口径30～40厘米、深30厘米且透气性好的瓦盆，或与此相当的木桶、木箱等。盆内营养土为腐叶土或腐殖土、园土、沙按

4∶4∶2的比例配制。

🌿 播种要点：嫁接繁殖在春、夏、秋均可进行，用种子繁殖的实生苗或分株苗均可作砧木，采用芽接或枝接，以芽接为主。

🐛 采收技巧：待山楂的果实变成红色，上有白色皮孔就可以采收了。当果实着色、果个变肥圆、果柄易摘取时即可收获。

微农场·成长秀

① 将健壮的山楂树的枝条扦插到土中，好生栽培着，到了春天就能开出一簇簇细小的白色花骨朵了。

② 山楂终于结出了一颗颗黄绿色的小果实，它们簇拥在枝头，热闹极了！

③ 慢慢地，青色的果实逐渐变红，这时就可采摘下来解馋了哦！

瓜友私聊

施肥要诀：山楂的花期是4～6月，所以，在快开花前1～2星期施1次开花肥。果期是9～10月，在结果前施肥，大概7天施1次肥。

修剪要诀：山楂的幼树顶端优势较强，侧枝较少。因此，在幼树时就应经常修剪，促其多分枝。

黄瓜，
家常菜中的"舶来品"

黄瓜，不仅可以生吃，亦可以作为凉拌菜。李时珍在《本草纲目》中对于黄瓜是这样记载的："张骞使西域得种，故名胡瓜。"可见黄瓜在我国有着悠久的栽培历史。如今，脆甜可口的黄瓜已成为人们餐桌上的常见菜品之一。

瓜果小名片

种植难度：高　中√　低

别　名：胡瓜、青瓜、刺瓜等

生产地：我国各省均可种植

所属类型：葫芦科黄瓜属

种植方式：直播，春播一般于1～3月进行，夏秋一般于6～8月进行

收获时间：在温度与光照适宜的条件下，夏播以9～11月收获为主

瓜果营养经

黄瓜富含胡萝卜素，可以帮助人体提高免疫功能，还可以抗肿瘤。具有丰富的维生素E和黄瓜酶，有抗衰老、延年益寿的功效。

种植基本功

温度需求：黄瓜喜温，不耐寒，生长的适宜温度为18～30℃，最适宜的温度是24℃，低于0℃时会冻死，高于35℃时发育不良。

光照需求：黄瓜是短日照作物，缩短光照时间有利于早形成雌花。

播种要点：若选择直播，可先将种子用30℃的温水浸4～6小时，放在温暖处保湿催芽，经过20小时发芽后再移栽到花盆中。

🔹 **施肥需求**：黄瓜在各个时期所需肥各异，氮、磷、钾要配合适当，多施磷肥，可降低雌花节位，多形成雌花。

　　🔹 **支撑需求**：当黄瓜出现卷须时就应该插竹搭架引蔓了，搭建"人字架"即可。

　　🔹 **采收技巧**：春季黄瓜从定植到采收约为55天，夏、秋季大约需35天。一般开花10天左右就可以采收了。最好在皮色从暗绿色变为鲜绿色有光泽且花瓣不脱落时采收为佳。

微农场·成长秀

❶　今天是个好日子，阳光明媚，种植在阳台上的黄瓜也长出了碧绿的小苗儿，植株虽然弱小，但也还在苗壮成长着呢！

❷　黄瓜苗"噌噌"地往上长，每天都让它们晒一会儿太阳，过不了几天，就开出了一朵朵美丽的小黄花。

❸　辛勤栽种的黄瓜终于顺利长出果实了，长长的绿绿的瓜体上还长了一层绒绒的小刺呢！

瓜友秘授

　　浇水要诀：黄瓜长成植株移入大盆后要浇1次透水，在浇足缓苗水的情况下，要等根瓜坐后再浇水，一般7～10天浇1次水。地栽要担心下雨天泥土积水，所以每到雨季就应勤给黄瓜排水。

人参果，
医学界的"抗癌之王"

人参果，有淡雅的清香，果肉清爽多汁，风味独特。它具有极高的营养价值，能抗癌、防衰老，还有祛病益寿的功效，所以被称为"人参果"。它可加工成果汁、饮料、口服液和罐头等产品。

瓜果营养经

人参果富含多种维生素，而维生素是人体必需的营养素，有抗癌、防肿瘤的功效。它还含有人体必需的微量元素，能增强机体对疾病的抵抗力。

种植基本功

温度需求： 人参果生长的适宜温度为25℃，能忍耐3～5℃的低温，低于0℃会冻死，在15～30℃内可不断开花结果。

光照需求： 人参果喜光照充足且光照时间长。如光照不足，阴雨连绵，容易落花落果；如光照过强，除影响果实产量及品质外，还易招致病害。

播种要点： 育苗移栽，人参果种子细小，且表壳非常坚硬，在育苗前应用

92

瓜果小名片

种植难度：高　中√　低

别名：长寿果、凤果、艳果

生产地：以南方种植为主，北方可在大棚种植

所属类型：茄科人参果属

种植方式：育苗移栽，可在每年的3～7月种植，温室大棚可随时种植

收获时间：在温度与光照适宜的条件下，一般7～11月可以收获

50℃左右的水浸泡48小时，再用0.1％浓度的高锰酸钾浸泡2～4小时，然后用清水冲洗1遍。一个营养钵播1粒种子，覆上3毫米左右厚的营养土，可在25～30℃育苗，15天左右出苗，待出苗后再移栽到花盆中即可。

采收技巧：当果实外观出现清晰紫色彩条纹，或无条纹但果实外观表皮光亮、光滑时即可采收，若需贮藏可在七八成熟时进行采收。

微农场·成长秀

1 6月移栽到花盆里的人参果长势喜人哦！绿绿的叶子尽情地伸展着，期待它们能早日结果。

2 勤浇水，常施肥，让人参果树享受到充分的日照，终于盼来了结果的一天，圆形的小果实傲立枝头，在绿叶的映衬下，很精神呢！

3 慢慢地，白白的果实上出现了一道道紫色的花纹，这就意味着果子成熟了！

93

瓜每秘籍

支撑要诀：由于人参果的茎秆较软，结果后难以负重，所以必须搭架。可用竹竿搭成拱架或篱架。

浇水要诀：浇水可用叶面喷雾，1星期浇1次。当苗长至15厘米高时可移栽到庭院中。

马铃薯，
传奇色彩的"地苹果"

马铃薯是重要的农作物。但在欧洲，却曾有很长一段时间马铃薯都被作为奇花异草观赏。历史上第一个吃马铃薯的人，是瑞典人约拿斯·阿尔斯特鲁玛。瑞典人民为了纪念他，在哥德堡市中心广场上修建了他的青铜塑像。

瓜果小名片

种植难度：高 中 低√

别名：土豆、洋芋、山药蛋

生产地：西南、西北、东北地区

所属类型：茄科茄属

种植方式：利用块茎进行无性繁殖，于秋季10月、11月种植

收获时间：在温度与光照适宜的条件下，4～6个月可收获

食用品类：红皮马铃薯、黄皮马铃薯等

瓜果营养经

1. 马铃薯含有丰富的B群维生素及大量的优质纤维素，是延缓衰老的极佳食物。经常吃马铃薯的人身体健康，而且老得慢。

2. 马铃薯是所有充饥食物中脂肪含量最低的。认为自己身材不够理想的美眉，若将马铃薯列为每日必吃食品，坚持一段时间，不必受节食之苦便能收到"越贪吃越美丽"的效果。

3. 马铃薯有呵护肌肤、保养容颜的功效。人的皮肤容易在炎热的夏日被晒伤、晒黑，马铃薯汁对清除色斑效果明显，而且没有副作用。

种植基本功

温度需求：马铃薯茎叶生长和开花的最佳气温为16～22℃。出土和幼苗期在气温降至-2℃会遭冻害。

光照需求：马铃薯是喜强光作物，在生长期间，日照时间为11～13小时/天。

湿度需求：种植马铃薯的土壤不必肥沃，但一定得是偏干燥的，马铃薯不适宜种植在湿重的黏土里。

栽培容器：种植马铃薯可用庭院里小面积的土地，也可以用垃圾桶、大型花盆等容器。容器深度至少要有24厘米。

播种要点：马铃薯的栽培主要利用块茎进行无性繁殖。将挑选作种的马铃薯切成适当大小的块状，播种于肥沃的土壤中，种植时尽量将芽位向上。

采收技巧：采收时只需轻轻拔起马铃薯根茎，挑大颗摘下来。

微农场·成长秀

① 将挑选做种的马铃薯块埋在土层下，在精心呵护下，马铃薯块终于开始发芽了，看着这些绿油油的叶片，很是期待！

② 叶片长势越来越旺盛了，马铃薯的根茎也渐渐暴露出来了，看着马铃薯从一颗颗的"小圆球"慢慢长大，心里充满着成就感。

③ 时间已经过去5个月了，马铃薯也逐渐变得金黄饱满起来。现在是时候将周围的土层扒开了，开始采收吧！

瓜友秘授

防虫害要诀：要做好"种薯"（被种植的块茎）处理，用来切块的切刀要消毒。在马铃薯生长期，如果发现马铃薯叶上出现蚜虫危害，要及时喷药防治，每隔7～10天喷洒1次抗蚜威或10%吡虫啉可湿性粉剂。

施肥要诀：马铃薯的幼苗期需氮肥较多，中期需钾肥较多。在容器中种植可以用腐叶土、腐质土、泥炭土、锯末、刨花、稻壳等和泥炭混合在一起，配制成营养土作为基料。

瓜果链接

马铃薯是家家户户餐桌上的常客，这里向大家介绍一些烹调马铃薯的小窍门：

1.存放太久的马铃薯表面经常会有蓝青色的斑点，配菜时不美观。如果在煮马铃薯的水里放一些醋，每千克马铃薯放一汤匙，斑点就会消失；发了芽的马铃薯食用时一定要把芽和芽根挖掉，并放入清水中浸泡，炖煮时要开大火。

2.把刚买回来的马铃薯放入热水中浸泡一下，再放入冷水中，可以很容易地削去马铃薯的外皮；去皮的马铃薯如果不及时烹制应存放在冷水中，再向水中加少许醋，可以使马铃薯不变色。

3.马铃薯不能带皮吃。这一点对处于妊娠早期的妇女来说尤其重要。因为马铃薯含有一种叫生物碱的有毒物质，通常集中在马铃薯皮里。如果孕妇经常食用，蓄积在体内就可能导致胎儿畸形，所以孕妇不吃或少吃马铃薯为好。

胡萝卜，
蔬菜王国里的"小人参"

胡萝卜，是一种质脆味美、营养价值极高的家常蔬菜。因其颜色靓丽、脆嫩多汁、芳香甘甜而受到人们的喜爱，是家庭餐桌上的"常客"。胡萝卜是从伊朗传入中国的。在古代，伊朗属于西域范围，而"胡人"指的就是西域人，所以便有了"胡萝卜"的名称。

瓜果小名片

种植难度：高 中√ 低

别名：甘荀、黄萝卜、番萝卜

生产地：我国南北各省均可种植

所属类型：伞形科胡萝卜属

种植方式：8月下旬至次年3月均可播种，播种期宜提早，使其有充足的生长期

收获时间：12月至次年1月采收，不宜过早，要等待肉质根充分肥大成熟后方可采收

食用品类：红胡萝卜、黄胡萝卜、紫胡萝卜等

瓜果营养经

1. 胡萝卜中含有的琥珀酸钾有降血压效果，心肺功能弱、末梢循环差、容易出现下半身浮肿的人，经常食用胡萝卜会有明显的改善。

2. 胡萝卜富含维生素，有轻微而持续发汗的作用，可以刺激皮肤的新陈代谢，增进血液循环，从而使皮肤细嫩光滑、肤色红润，是爱美女性的首选膳食。

3. 胡萝卜除含大量胡萝卜素外，还有丰富的氨基酸和钙，它们能保护视力、促进身体发育。所以，小朋友要多吃胡萝卜。

种植基本功

🖊 ▌温度需求：胡萝卜是半耐寒性蔬菜，性喜冷凉，肉质根肥大期的适宜温度为13～20℃，3℃以下停止生长，较大的昼夜温差有利于肉质根的积累。

☀ ▌光照需求：胡萝卜生长期要求中等强度的光照。若光照不足，会影响叶柄生长，如果靠近根部的叶片提早枯黄，长出来的胡萝卜就会又瘦又小。

🗻 ▌湿度需求：胡萝卜根系发达，能吸收到深层土壤的水分，是耐旱性较强的蔬菜。但过于干燥会影响肉质根的发育，使之变小，质地粗糙，而且容易空心。

🗑 ▌栽培容器：家庭盆栽需要的容器一般选用直径在30厘米以上的花盆，盆高不得小于30厘米。种植数量多的话，可依据需要选择更大的容器或在庭院直接栽培。

✂ ▌播种要点：适合直接用种子播种育苗，但胡萝卜种子的发芽率一般只有70%左右。为了提高发芽率，在播种前4天，可以将搓去刺毛的种子用40℃水泡2小时，沥去水后置于20～25℃条件下催芽，当大部分种子发芽即可播种。

🪣 ▌施肥需求：胡萝卜前期生长的养分供应主要来自土壤基肥，基肥可以用猪、鸡、牛、马粪和人类的尿液为主。后期可以配合有机肥施用。

🥕 ▌采收技巧：采收胡萝卜不宜过早，应该等肉质根充分肥大成熟后采收。收获前几天要浇1次水，待土壤不黏时即可收获。

微农场·成长秀

1 刚刚播种不久的胡萝卜就开始发芽了，不过叶茎看起来真的好柔弱。

2 之前觉得脆弱的胡萝卜叶茎开始呈现健壮的姿态，一团团的绿叶让人觉得很欣慰。

3 即将到胡萝卜的收获期，赶紧浇足一次水，让它的根茎生长得更迅速、更强壮！

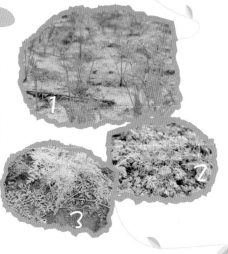

瓜友秘授

浇水要诀： 胡萝卜播种后60天内为了防止干旱，需要适度浇水。故有农谚"播后浇三水，保苗齐苗旺"。"三水"即播时浇水、不干时浇水、幼芽顶土时浇水。特别是播种30～50天内，长出4～7片叶子后，干旱会影响根系往下生长。

松土要诀： 在自然生长状态下，胡萝卜与土壤黏结力较大。为了能顺利地拔取收获，必须定期对胡萝卜周边的土壤进行疏松。为降低胡萝卜的损伤率，松土铲入土深度越小越好，距离胡萝卜越远越好。

施肥要诀： 胡萝卜在生长过程中，需施肥2～3次。第一次在种子长出苗后20～25天，这时可以看到有三四片叶子；第二次在第一次施肥后20～25天。

授粉要诀： 胡萝卜花属于虫媒花，蜜蜂或苍蝇的传播会帮助胡萝卜花授粉。

西葫芦，
田间地头的"大肚子"

西葫芦是南瓜的变种。西葫芦以皮薄、肉厚、汁多、可荤可素及可菜可馅而深受人们喜爱。民间有一说法："金瓜配银瓜，西葫芦配南瓜。"之所以这么说，是因为西葫芦颜色青偏白，有"银瓜"之称，暗示西葫芦源于南瓜。

瓜果小名片

种植难度：高　中　低√

别名：芰瓜、美洲南瓜、菜瓜

生产地：我国南北各省均可种植

所属类型：葫芦科南瓜属

种植方式：播种繁殖，以秋播为主。

收获时间：一般雌花授粉后7～10天，单瓜重0.3千克时是采收的适宜时期

食用品类：一窝猴、黑美丽

瓜果营养经

西葫芦具有清热利尿、除烦止渴、润肺止咳及消肿散结的功能，可用于辅助治疗水肿腹胀、烦渴、疮毒以及肾炎、肝硬化腹水等症。西葫芦含有一种干扰素的诱生剂，能刺激身体产生干扰素，提高免疫力，发挥抗病毒和肿瘤的作用。

种植基本功

温度需求：西葫芦较耐寒而不耐高温。生长期最适宜温度为20～25℃。

光照需求：光照强度要求适中，能耐弱光。长日照有利于西葫芦茎叶的生长。

湿度需求：西葫芦喜湿润，不耐干旱，特别是在结瓜期，土壤应保持湿润。

播种要点：选用未种过瓜类蔬菜的无病土壤和农家肥配制，在晴朗天气播种。

施肥需求：施足基肥。可以用营养土，也可以用动物粪便等。

微农场·成长秀

① 西葫芦的叶片很宽大，就像它的果实个头一样。西葫芦怕水耐旱，所以生长期土地干旱一点有利于它的发育。

② 西葫芦的叶片中间零星开出一朵朵淡黄色的小花，样子看起来好像喇叭花，准备迎接一个个西葫芦的出现了。

③ 随着西葫芦花的日益成长，它的根茎也开始粗壮起来，西葫芦的雏形已经可以看见了，期待它快快长大。

瓜果秘籍

防虫害要诀：为防止西葫芦发生枯萎病等病害，可兑上少量的万枯一灌灵灌溉2次；为防除温室蚜虫、菜青虫等对幼苗的伤害，可每隔5～7天喷施1次杀虫剂。

浇水要诀：西葫芦不宜浇水过多。结瓜后一般5～7天浇水1次，以保持表土湿润为标准，雨季还应当排水。

施肥要诀：结瓜期顺水追肥，一般追肥2～3次为宜。选择市面上卖的生物液肥稀释几百倍，或喷施或随水浇灌，原则是薄肥勤施。

授粉要诀：西葫芦为雌雄异花受粉作物，需要进行人工授粉。授粉在每天上午9～10时进行，将雄花的花蕊往雌花的柱头上轻轻涂抹，每朵雄花可授5朵雌花。

板栗，
神奇的肾之果

板栗有"干果之王"的美称，与桃、杏、李、枣并称"五果"，属于健脾补肾、延年益寿的上等果品。板栗在我国有悠久的历史，西汉司马迁在《史记》中就有记载"燕、秦千树栗……此其人皆与千户侯等"。

瓜果小名片

种植难度：高 √ 中 低

别名：栗、中国板栗

生产地：我国南北均可种植，宜于山地栽培

所属类型：壳斗科栗属

种植方式：栗树的果实多用实生播种，也可嫁接繁殖，在苗木落叶后进行

收获时间：多在秋季采收

食用品类：丛生栗、日本栗、珍珠栗

 种植基本功

温度需求：板栗生长的适宜年平均气温为10.5～21.8℃，温度过高会导致冬眠不足，生长发育不良；气温过低容易遭受冻害。

光照需求：板栗树为喜光树种，尤其开花结果期间，光照不足容易造成提早落果或者不结果，长期遮阴会使树叶发黄，枝条细弱甚至枯死。

湿度需求：板栗对湿度的适应性较强，一般在年降水量1000毫米以上的地方均可栽培。

栽植要点：板栗树多用实生播种，也可嫁接繁殖。栽植前要选择亩高70毫米且发育正常无病虫害、根系发达的优质壮苗。

◢‖施肥需求：肥料以硼肥为主。采果后秋季施肥，此时气温较高，肥料易腐熟。

◣‖采收技巧：板栗充分成熟自然落地后，人工捡拾；或者分散分批地将成熟的栗苞用竹竿轻轻打落。

微农场·成长秀

① 板栗树开的花远看就像是一丛丛仙人掌，翠绿翠绿的。板栗树周围杂草丛生，这时候要注意经常松土除草。

② 板栗树差不多长到一人多高的样子，在茂盛的枝叶下面开始长出一个个刺团，看起来很不"友好"呢，这时要勤浇水，板栗生长期缺水，果实会又小又硬，口感也不好。

③ 刺团开始越长越大，颜色也从浅绿色逐渐变成棕黄色，有些刺团裂开了，已经可以看到里面果壳饱满的板栗了。

种养秘籍

浇水要诀：板栗较喜水。一般发芽前和果实迅速增长期各浇水1次，有利于果树正常生长发育和果实品质的提高。

松土要诀：冬季深翻土壤，扩充树穴，既可以破坏害虫越冬的场所，又可以将杂草落叶或绿肥翻入土中提高土壤有机质，还可阻挡土壤水分的蒸发。

豆薯，
忆苦思甜的"大个子"

豆薯，它的块根肥大，肉质脆嫩多汁。尽管豆薯不是粮食，但在困难时期，为了填饱肚子，很多人都把它当饭吃。人们绞尽了脑汁想出豆薯的各种食用方式，花样翻新，层出不穷，不仅可以炒着吃，还能制成美味的沙葛粉。

瓜果小名片

种植难度：高 中 低√

别名：沙葛、凉薯

生产地：我国南北各省均可种植

所属类型：豆科豆薯属

种植方式：露地播种可在晚霜过后进行，北方地区可提前2个月

收获时间：多在酷暑来临前的6月中旬至7月上旬采收

食用品类：扁圆形豆薯、扁球形豆薯等

瓜果营养经

豆薯食用部分是它的肥大块根，含有丰富的碳水化合物、糖类、蛋白质及维生素等。其肉质洁白嫩脆，香甜多汁，可生食、熟食，并能加工制成沙葛粉，有清凉去热功效。

瓜果营养经

温度需求：豆薯性喜温暖，耐热性强，生长适温为25～30℃，开花结果期尤其需要较高温度。

土壤需求：豆薯对土壤的要求较严格，适宜种植在土层深厚、疏松、排水良好的壤土或砂壤土中，不适于在黏重、通透条件较差的土壤上种植。

播种要点：行株距20～25厘米，每穴播种子3～4粒，播种后再盖上草木灰。豆薯种子种皮坚实，播前用

30℃的温水浸泡3～4小时，置于25～30℃的温度下催芽。

施肥需求：豆薯需肥量大，生长期不宜多次追肥，要重施基肥。将园土铺底，加一层落叶或者摘下的菜叶，打豆浆剩余的豆渣也行，还可以加一层骨渣、鱼内脏、动物粪便和鸡蛋壳碎末，有草木灰那就更好了，最上层再铺园土。

采收技巧：豆薯播种4个月后，块根已膨大，即可开始采收。

① 将豆薯苗播种到地里不多久，豆薯就长出了大片大片的枝叶，一丛丛的，煞是好看！

③ 已经4个多月了，豆薯的根部逐渐开始暴露到地面上来，一颗颗圆滚硕大的豆薯也呈现在眼前了。

② 随着叶片一天天地长大，豆薯柔弱的茎部已经无法支撑枝叶的重量，这时用小竹条将各个藤蔓捆绑在一起，让它更牢固。

种养秘笈

支撑要诀：当豆薯苗长到30厘米高时，每穴插小山竹1根，让藤爬上架，当蔓长到1米多高时要打顶（掐去某些作物的顶尖，使之增产）。

施肥要诀：在基肥充足的情况下，出现花蕾后，每20天左右施用1次复合肥。

莴苣，
中医界的"千金菜"

莴苣的食用部分主要是花茎，其茎肥如笋，肉质细嫩，故又名"莴笋"。宋太祖赵匡胤与莴苣还有一段不解之缘，"苟富贵，勿相忘"正是为了答谢种莴苣的和尚。莴苣浑身都是宝，曾出现于古代的各种医术记载中。

瓜果小名片

种植难度：高 中√ 低

别名：石苣、莴笋

生产地：我国南北各省均可种植

所属类型：菊科莴苣属

种植方式：一般在7月份以后开始播种，生长期长达3个月左右

食用品类：二白皮、夏秋王、下抗青

种植基本功

温度需求：莴苣属半耐寒蔬菜，喜凉爽环境，忌高温。种子在5～28℃均可发芽，但不能超过30℃。

光照需求：莴苣属于较喜光作物，要求阳光充足，植株生长才健壮，如果长时间阴雨连绵或遮阳密闭会影响叶片和嫩茎的发育。

播种要点：莴苣种子小，发芽快。种植前先浸种催芽，用凉水浸泡种子5～6小时，然后放到16～18℃的环境下催芽，经过2～3天即可出芽。

施肥需求：莴笋需肥量大，要选择保肥力强的疏松壤土，多用氮肥和钾肥。

采收技巧：当莴苣心叶与最高叶片的叶尖保持同一水平时即可采收。

微农场·成长秀

① 别看莴苣的种子很小，但是播到地里去，长得却挺快的，十几天的时间叶片就长得又大又绿了。

② 随着新叶的慢慢长大，老叶也就逐渐枯黄老去，这时要经常将莴苣上的老叶、黄叶拔掉。

③ 秋高气爽的时节很适合莴苣的生长，因为它是半耐寒蔬菜，光照充足的生长旺期，地里密密的一大片莴苣叶，长势很喜人呢！

④ 莴苣最里面的心叶终于和外层的枝叶长到齐平了，这时地里的莴苣也差不多可以收获了。

瓜蔬秘籍

浇水要诀：莴苣在生长过程中对土壤水分极为敏感，根系吸收能力弱。应保持土壤湿润，一般5～7天浇1次水。

湿度要诀：莴苣不耐高湿，当气温超过25℃时，应通风降温或采取遮阳措施。同时，莴苣又怕水涝，所以盆内不能有积水。

遮阳要诀：用草帘、遮阳网平放在莴苣种植面上，幼苗长出后将遮阳网架高约1米。

彩椒，
餐桌上的"洋玩意儿"

彩椒是各种果皮颜色不同的甜（辣）椒的总称，又名柿子椒。彩椒主要有红、黄、绿、紫四种。果大肉厚，甜中微辛，汁多甜脆，色泽诱人，可以促进食欲，并能舒缓压力，作为多种菜肴的配料，是一种高档蔬菜。

瓜果小名片

种植难度：高√ 中 低

别名：柿子椒

生产地：我国南北各省均可种植

所属类型：茄科椒类属

种植方式：四季均可播种，但以7月中下旬至12月下旬为宜

收获时间：根据品种不同，开花授粉后30～60天不等

食用品类：红彩椒、黄彩椒、紫彩椒等

瓜果营养经

彩椒含丰富的维生素C以及椒类碱等，性味辛热，具有温中、散热和消食的作用，有利于增强人体免疫功能，提高人体的防病能力。它所含的椒类碱能够促进脂肪的新陈代谢，防止体内脂肪积存，有消脂的功效。

种植基本功

温度需求：彩椒生长适宜的温度白天为20～25℃，夜间为15～20℃。

湿度需求：空气湿度要求70%，阳光充足温度高时，需要覆盖遮阳网降温。在低温高湿季节每天通风2次。

栽培容器：一盆一棵，深度15～18厘米的盆就够用了。如果一盆多棵，可用深度20厘米以上的盆。

🌱 **播种要点**：播种前要进行种子处理。采用55℃的热水浸种30分钟后，用干净的纱布包起来捂种催芽，每天用热水冲洗和翻动，露白后播种，覆土0.5厘米。

🐛 **采收技巧**：彩椒对成熟度指标要求很严格，果实充分膨大，着色均匀，表面具有较好光泽时就可采收。尽量早上采收，采收时把果柄全部采下，不在叶腋处留柄。

微农场·成长秀

① 在一个废弃的大盆里种六七颗彩椒种子，放在阴凉处。不久，彩椒就开始萌芽了。

② 彩椒的叶片越长越大，虽然叶片不多，也比较稀疏，但嫩绿一片，很是可爱。

③ 生长旺盛期，经常修剪彩椒的主枝叶，悉心照料下，彩椒终于开始一个个地冒出来。

④ 彩椒的果实已经逐渐膨大，颜色也比较均匀，还有一定的光泽度，可以准备采收了。

种菜秘籍

施肥要诀：彩椒要施用生长素。为了防止前期低温造成落花落果，可用生长素喷花，开花前1周喷1次。

修剪要诀：保持每株始终有2个枝条向上生长，每个主枝用1条防老化的塑料绳吊起来固定。

扁豆,
紫白相间中的情怀

扁豆,是一种含有多种维生素和矿物质的豆荚类蔬菜。中秋时节,绿油油的豆叶厚厚地铺满了棚架,绿叶丛中窜出了一枝枝塔形豆花,白的艳得耀眼,紫的浓淡相宜,像一只只漂亮的彩蝶翩翩起舞。待塔花下端的花蕾谢落,便结出了一挂挂鲜脆欲滴的豆荚。

瓜果小名片

种植难度: 高 中√ 低

别名: 蛾眉豆、小刀豆、树豆

生产地: 我国南北各个省份均可种植

所属类型: 蝶形花科扁豆属

种植方式: 9月下旬至10月上旬直接播种

收获时间: 管理得当,12月下旬可以开始采收

食用品类: 常扁豆、极早熟扁豆、洋扁豆

种植基本功

温度需求: 扁豆喜温和气候,种子适宜发芽温度为22~23℃。植株能忍受35℃左右的高温,遇霜则会枯死,昼夜温差大有利于豆荚的生长。

栽培容器: 扁豆的根系较浅,家庭种植可以选择深度不低于20厘米、直径不低于30厘米的盆栽容器。有种植空间的家庭也可以在庭院里直接搭架栽培。

施肥需求: 用稀释后的腐熟人畜粪尿做底肥。生长期中扁豆不断开花结荚,因此要加强肥水供应,最好能采摘一批,淋肥水一次。

采收技巧: 一般在花谢后13~17天可以明显看到豆粒,这时就可采收了。采收时注意不要伤害到花穗。

① 将扁豆苗种在小花盆里，把花盆放置在室内，刚种上时要浇一点水，使土壤湿润。

② 扁豆生长旺盛期枝叶开始大量地铺开，零星地长出几朵淡紫红色小花，一根根扁豆藤长势不错。

③ 开始长出嫩豆荚。花谢后13~17天，豆荚已经充分长大，深紫色的豆荚挂在枝头，明显可以看到豆粒突出。

瓜蔬秘籍

　　支撑要诀： 当扁豆藤长至30厘米左右，应及时搭架、引蔓。同其他豆类一样，一般采用"人"字架，架高2.5米左右，在架子的半空处适当地加几根横木，以利于藤蔓的攀爬。

　　浇水要诀： 幼苗长成后浇1次水，之后则控制水分的吸入。若土壤干旱，可以在开花时浇少许水。茎叶、豆荚生长期中，浇水原则是"浇荚不浇花"，约每隔10天浇1次水。

　　合种要诀： 扁豆应避免和其他豆类作物穿插栽种，必要时还应及时疏离间隙过密的枝蔓，以保证植株间的通透性。

四季豆，
象征四季平安的"福豆"

四季豆，是餐桌上的常见蔬菜之一。无论单独清炒，还是和肉类同炖，或是焯熟凉拌，都很符合人们的口味。传说以前寺庙里常常用四季豆作为菜肴，所以四季豆也被称为"佛豆"，取其谐音"福豆"。它代表着四季平安，健康幸福。

瓜果小名片

种植难度：高　中√　低

别名：架豆、豆角、清明豆

生产地：我国南北各省均可种植

所属类型：蝶形花科菜豆属

种植方式：直播或育苗移栽，长江以南为秋播，北方可以适当早一些种植

收获时间：一般在开花后10天左右即可采收嫩豆荚

瓜果营养经

1. 四季豆有调和脏腑、安养精神、益气健脾、消暑化湿和利水消肿的功效，夏季可多食用。

2. 四季豆的种子可以激活肿瘤病人淋巴细胞，产生免疫抗体，对癌细胞有非常特异的伤害与抑制作用，肿瘤患者可以多食用。

🌸 种植基本功

温度需求：四季豆为喜温植物。生长适宜温度为15～25℃，开花结荚的适温为20～25℃，10℃以下低温或30℃以上高温会影响生长和正常授粉结荚。

光照需求：四季豆属短日照蔬菜，但多数品种对日照长短要求不严格，四季都能栽培，故有"四季豆"之称。日照时间越短，四季豆开花结荚的成熟时间越提前。

湿度需求：在整个生长期，四季豆要求湿润状态，由于根系发达，所以能耐一定程度的干旱，但开花结荚时对缺水或积水尤为敏感。

栽培容器：在阳台、天台或庭院种植四季豆，可选用的栽培容器有花盆、木盆、专业栽培箱等，耕层深度以25厘米为宜。

播种要点：四季豆多以直播为主。在细碎的培养土中，每穴播种2～3粒，覆土厚度以1厘米为宜，浇透水，注意保温保湿。炎热的夏季加盖遮阳网，播种3～4天就会长出幼苗。

施肥需求：四季豆多需要磷肥、钾肥、氮肥。在幼苗期要施适量氮肥，在开花期和结荚期适当追施两次复合肥。

采收技巧：四季豆生长期稍长，豆荚由扁平变圆，颜色由绿转淡并且鼓起来就可以采收。

微农场·成长秀

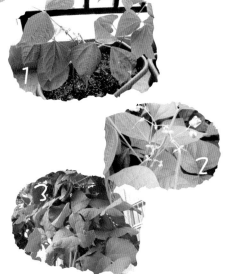

1 在小花盆内覆上细碎的营养土，在土内挖出一个个小洞穴，将四季豆种子埋在里面，不久后开始萌芽长叶。

2 四季豆的枝叶和藤蔓中间开始慢慢开出一些粉红色的小花，看起来很漂亮，这个时候要注意多施氮肥。

3 在豆藤长到30~40厘米时搭架，四季豆藤不会主动爬架子，这时就要依靠人力手工来将蔓绑上架。

瓜友秘授

修剪要诀： 在株高50厘米左右时摘除四季豆的枝头。通过多次摘除新生枝头，使植株形成矮灌丛状，降低高度，增加开花结荚数。

授粉要诀： 四季豆是自花传粉，少数能异花传粉。每株有十余朵花，一般结2~6荚。

防虫害要诀： 四季豆的主要虫害有豆荚螟、豆秆蝇。柑橘类的水果含有柠檬烯和芳樟醇，可以杀死这类害虫。用2杯沸水冲泡一只柑橘皮，放置24小时后，加入几滴药皂皂液，即可喷洒。

苦瓜，
菜品中的"消脂利器"

苦瓜以味得名，广东人唤做凉瓜。苦瓜瓜体有瘤状突起，又称癞瓜。瓜面起皱纹，似荔枝，也称锦荔枝。苦瓜具有特殊的苦味，但仍然受到大众的喜爱，这不单纯因为它的口味特殊，还因为它具有一般蔬菜无法比拟的神奇作用。多吃苦瓜还可以消除身体多余脂肪。

瓜果小名片

种植难度：高 中√ 低
别名：凉瓜、癞瓜、癞葡萄
生产地：我国南北各省均可种植
所属类型：葫芦科苦瓜属
种植方式：直播或营养钵育苗，在11月上旬末和中旬初播种为宜
收获时间：定植45天后即可采收
食用品类：按皮色分为白色、绿白色和青绿色

瓜果营养经

1.苦瓜中含有丰富的苦味甙和苦味素，被誉为"脂肪杀手"，能使身体里的脂肪和多糖减少。长期食用苦瓜，能保持精力旺盛，对治疗青春痘有很大益处。

2.苦瓜含有一种蛋白脂类物质，同生物碱一起食用，可以发挥抗癌作用。

种植基本功

温度需求： 苦瓜喜充足的阳光和温暖的环境，生长适温为20～30℃。10℃以下生长不良，遇霜容易死亡，开花结果期能忍受30℃以上的高温。

光照需求： 苦瓜喜光，不耐阴。但苗期光照不足会降低抗寒力和抗病力，光照充足有利于苦瓜的良好生长。

湿度需求：苦瓜较耐湿，对土壤和空气的湿度要求较高，但不耐涝。

栽培容器：在阳台、天台或庭院种植苦瓜，可选用的栽培容器有花盆、木盆、专业栽培箱等，深度以30厘米左右为宜。

播种要点：苦瓜可直播，也可育苗移栽。播前要对种子进行处理。用30℃温水浸种10～12小时，捞出洗净后用湿纸巾将种子包住，置于30℃左右的地方催芽，催芽期间每日将种子清洗一次，2～3周种子露白后进行播种。

施肥需求：苦瓜为喜温耐肥作物，需施足底肥，且生育期长，一般每1～2周施1次腐熟有机肥，结瓜期应增大磷钾肥的比例。

116

微农场·成长秀

① 苦瓜的植株长势不错，这时别忘了及时搭架。用绳将藤蔓牵引到支架上，注意不要让它们相互缠绕。

② 苦瓜生长力强，要及时打掉植株下面老去的枝叶，保留主蔓和侧枝2~3条就可以了，另外还要保证通风透光的环境。

③ 当瓜皮上的瘤状物突出膨大且颜色还未发白发亮时就是苦瓜的收获期，这时的苦瓜色泽饱满，长而直。

浇水要诀：苦瓜应有充足的水分供给，尤其是开花结果期，需水更多，切忌缺水和长时间积水。同时浇水不要过勤过大，以免造成营养生长过剩，光长秧子不结果。

施肥要诀：基肥以腐熟的有机肥料为主，追肥以腐熟人畜粪尿为主，每周施1次。幼苗期施薄肥，进入开花结果期，可加大浓度，盛果期以后增施1～2次钾肥或复合肥。

瓜果链接

咖啡苦瓜饮

咖啡的香浓与苦瓜的苦涩口感相融合，会造就一种让味蕾惊艳的神奇味道。

原料：苦瓜200克、咖啡25克、白糖5克、柠檬酸0.2克。

做法：1.苦瓜去内筋，削皮洗净，切成薄片，焯水备用。

2.咖啡与水比例为1:1，混合后烧开，加白糖、柠檬酸后冷却，放入苦瓜片浸泡2小时即可食用。

3.夏季时，可以将咖啡苦瓜放入冰箱冷藏，冷饮口感更佳。

提示：苦瓜清脆甘美，咖啡味香气撩人，是清火解毒的美味之选。

金橘,
大吉大利的"小金果"

金橘,是著名的观果植物。在我国南方尤其是广东一带,金橘是最好的贺岁物品。因为在粤语中,"橘""吉"同音,橘为吉,金为财,金橘也就变成了吉祥招财的象征。过年时,几乎家家户户大门前、阳台上都会摆上两盆金橘。

瓜果小名片

种植难度: 高　中√　低

别名: 洋奶橘、金柑、脆皮橘

生产地: 我国长江以南地区

所属类型: 芸香科金橘属

种植方式: 用嫁接繁殖,盆栽常用靠接法,以9月为主,7、8月也可以

收获时间: 于11月中旬至12月上旬成熟

食用品类: 遂川金橘、融安金橘

瓜果营养经

金橘不仅美观,而且含有丰富的维生素C、金橘甙等成分,对防止血管硬化、高血压等疾病有一定的作用。金橘药性甘温,有顺气化痰的功效。作为食疗保健品,金橘蜜饯还可以开胃,饮金橘汁能生津止渴。

种植基本功

☀‖光照需求: 金橘性喜阳光充足、温暖湿润的环境,盆栽时要放置在向阳的地方。若光照不足、环境荫蔽,往往会造成枝叶徒长,开花结果较少。

🗑‖栽培容器: 盆栽金橘的容器以圆形为主,素烧盆最适宜栽种金橘。采用其他质地的容器时,可在盆底铺垫5厘米厚的粗沙,并沿内壁垫一层新瓦,然后填土栽苗。

‖播种要点: 盆栽金橘常用靠接法。

嫁接时将有根系的两个植株削去茎部的部分皮层，然后用绳子捆绑在一起，待两个植株相互接合后，即可移栽到盆内。

◢ ‖ 施肥需求：金橘喜肥，盆栽时可以选用腐叶土4份、砂土5份、饼肥1份混合配制成培养土。入夏后，宜多施磷肥。

◢ ‖ 采收技巧：果皮绿色基本褪净，呈现橙黄色时是采收金橘的标准。采收时用剪刀剪下果实，不留果柄。

微农场·成长秀

① 经过一段时间，金橘种子终于长出新叶了，那嫩绿的颜色看起来都让人心情大好。

③ 果实成熟了。果皮绿色基本褪净，呈现橙黄色时就可以采收金橘了。用剪刀剪下果实，不留果柄。

② 金橘树长大了，叶片的颜色开始一天天变深，就在此时，看到绿叶中隐隐露出来的青橘。这时要经常将花盆搬到有阳光的地方，让它晒晒太阳。

瓜蔬秘籍

松土要诀：将土团倒扣出来，削去四周2～3厘米的老根，将有机肥与营养土拌匀填充盆底，将土团放回。

修剪要诀：保留3～4个健壮的、分布匀称的枝条，每个枝条只留基部2～3个芽，其余的剪掉。

洋葱，
象征胜利的果实

　　洋葱是一种耐运输、耐贮藏的常用蔬菜。洋葱的食用部分是肥大的肉质茎，有特殊的香辣味，能够增进食欲，不仅耐贮藏，还可以脱水加工成出口蔬菜。在国外，洋葱经常被誉为"菜中皇后"。

瓜果小名片

种植难度：高　中✓　低

别名：球葱、圆葱、玉葱

生产地：我国南北各个省份均可种植

所属类型：百合科葱属

种植方式：播种，一般采用秋播，在9月中下旬进行

收获时间：在5月下旬至6月上旬采收

食用品类：红洋葱、黄洋葱

 瓜果营养经

　　洋葱是唯一含前列腺素A的植物，是天然的血液稀释剂，因而会有降血压、预防血栓形成的作用。洋葱还有一定的提神功效，它能帮助细胞更好地利用葡萄糖，同时降低血糖，是糖尿病患者的食疗佳品。

 种植基本功

　　☀ ‖光照需求：洋葱要求中等光照强度，在11～15小时的日照下植株生长健壮。

　　🏔 ‖湿度需求：洋葱需要相对湿度80%以下的种植环境。造成洋葱腐烂的主要原因是湿度偏高。

　　🪣 ‖栽培容器：洋葱的适应力很强，可以直接种在湿润的土里，不用把洋葱全部埋起来。也可以用浅一些的容器，将洋葱放进去，倒上水，水没过洋葱1～2厘米即可。

　　🌱 ‖播种要点：播种前为了加快出苗，可以

先浸种，用凉水浸种12小时，捞出晾干，再放在18～25℃的温度下催芽，每天清洗种子1次，直至露芽时即可播种。

🔖‖**施肥需求**：种植前施好基肥，生长期一般不追肥。

🔬‖**采收技巧**：当洋葱叶片由下而上逐渐开始变黄，鳞茎停止膨大时就应及时收获。收获后的洋葱要晾晒2～3天。

微农场·成长秀

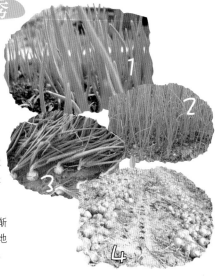

① 田间地头的洋葱苗发芽了，郁郁葱葱的，都是撒下种子后破土而出的景象。

② 随着洋葱苗渐渐地长高长大，地面下的洋葱也开始努力生长，长势很喜人。

③ 拨开一片片洋葱叶，露出了下面圆溜溜的果实，未成熟的果实颜色呈青白色。

④ 洋葱叶片由下而上逐渐变黄，洋葱也停止膨大了，地里露出来一个个硕大的洋葱。

瓜友秘籍

浇水要诀：对洋葱的浇水次数要多，每次量要少，每隔8～9天浇1次水，采前7～8天停止浇水。

松土要诀：疏松土壤对洋葱根系的发育和鳞茎的膨大都有利，一般苗期要进行3～4次，结合每次浇水一起进行。

修剪要诀：对于早期抽薹的洋葱，在花球形成前，从花苞的下部剪除，或将花薹尖端从上而下撕开，防止开花消耗养分。

平菇，
温室里的"小花伞"

平菇是一种生长迅速、个体较大的常见食用菌。平菇具有延年益寿的功效，在营养价值上优于动植物食品。在古代它就已经是宫廷佳肴，现今为人们常食，成为千家万户餐桌上的美食，既饱口福，又助健康长寿。

瓜果小名片

种植难度：高√ 中 低

生产地：我国南北各省均可种植

所属类型：侧耳科侧耳属

种植方式：覆盖式播种，一般从8月末到第二年4月末均可播种

收获时间：成熟约需要30～35天。45天左右第一茬菇成熟

食用品类：平菇可分为深色种、浅色种

瓜果营养经

平菇含有的多种维生素及矿物质可以改善人体新陈代谢，增强体质，可作为体弱病人的营养品。平菇含有抑制肿瘤细胞的硒、多糖类等，对肿瘤细胞有非常强的抑制作用，而且有提高免疫力的特性。

种植基本功

☀‖光照需求：平菇菌丝体生长不需要光，光反而会抑制菌丝的生长。因此，发菌期间应给予黑暗或弱光环境。

〰‖湿度需求：菌丝体生长的基质含水量以60%～65%为适宜。

🪣‖栽培容器：可以使用家里废弃的大型花盆。高度在23厘米左右，箱内基料的厚度在17～18厘米。

播种要点：栽种平菇时需要先铺一层基料，然后撒一层菌种，最后再铺一层基料，轻轻铺平压实即可，最后在上面盖一层报纸以遮光。

施肥需求：基料可以用秸秆、玉米芯、花生壳和棉籽壳等，再适当搭配些饼肥、过磷酸钙、石灰等补给氮素。

采收技巧：当平菇菌盖基本展开，颜色由深灰色变为淡灰色或灰白色是平菇的最佳收获期。

微农场·成长秀

① 将菌种移植到大花盆内，把四周的土层拨拢，压实。

② 等待几天后，菌种开始发芽，一簇簇小平菇诞生了。

③ 平菇的菌盖慢慢长大，直径达到2~3厘米，这时的平菇正在蓬勃生长，注意保湿。

④ 几天后，多数平菇的菌盖面已经达到5~6厘米，看起来像一朵朵盛开着的"白花"。

瓜友秘授

浇水要诀：平菇对空气湿度要求较严格，种植时可以向种植空间内喷雾，切勿向基料面上喷水。

控温要诀：播种后10天之内，温度要在15℃以下。若温度过低，可以在上面覆盖薄膜。

石榴，
寓意子孙满堂的吉祥果

石榴原产于中国西域，汉代传入中原。它火红可爱，甘甜可口，被人们喻为繁荣昌盛的佳兆，是中国人民喜爱的吉祥之果，又因其色彩鲜艳、籽多饱满，常被用作喜庆水果，象征多子多福、子孙满堂。

瓜果小名片

种植难度：高 中√ 低

别名：安石榴、海榴

生产地：我国南北各省均可种植

所属类型：石榴科石榴属

种植方式：常用扦插、分株、压条进行繁殖。一般在秋天种植

收获时间：栽植3~4年开始结果，一年结果3次

食用品类：红石榴、月季石榴

种植基本功

温度需求： 石榴适宜生长的温度为15~20℃，冬季温度不宜低于-18℃，否则会受到冻害。

光照需求： 生长期要求全日照，并且光照越充足，花越多越鲜艳。背风、向阳、干燥的环境有利于花苞的形成。光照不足时，会只长叶不开花。

栽培容器： 家里的盆、箱、桶、槽等都可用来栽石榴，选择的容器质地要坚固，排水透气性好，体积稍大，以便容纳较多的营养土。

播种要点： 盆栽选用腐叶土和河沙混合的培养土，并加入适量腐熟的有机肥。栽植时适当地短截修剪，浇透水，放到阴凉处，待发芽成活后移至通风、阳光充足的地方。

🐞‖ **采收技巧**：待果皮由绿变黄，果面出现光泽，籽粒饱满时即可采收，采收时尽量避免阴雨天气。

微农场·成长秀

① 石榴生长期间光照很充足，向阳、干燥的环境有利于花苞的形成。

③ 枝头上终于长出了鲜艳欲滴的红石榴，大而圆，表面光泽透亮，仿佛可以直接看到果皮里一粒粒饱满的石榴籽。

② 一朵朵颜色鲜艳的石榴花终于盛开了，菜园里红花绿叶，这都是主人精心呵护下的成果，可以安心地等待结果了。

瓜果私授

浇水要诀：石榴耐旱，喜干燥的环境，浇水应掌握"干透浇透"的原则。在开花结果期，不能浇水过多，盆土不能过湿，雨季要及时排水。

施肥要诀：盆栽石榴应按"薄肥勤施"的原则，生长旺盛期每周施1次稀肥水。长期追施磷钾肥。

修剪要诀：由于石榴枝条细密杂乱，因此要经常修剪。剪除干枯枝，以便通风透光。

冬季种植

冬瓜，
绿藤下的"大枕头"

　　冬瓜得名是因为瓜熟之际表面上有一层白粉状的东西，好似冬天所结的白霜，也是这个原因，冬瓜又称白瓜。宋代郑清之著有《冬瓜》一诗："剪剪黄花秋后春，霜皮露叶护长身。生来笼统君休笑，腹内能容数百人。"可见冬瓜在古代就已经普遍种植。

瓜果小名片

种植难度：高　中√　低

别名：白瓜、濮瓜

生产地：我国南北各省均可种植

所属类型：葫芦科冬瓜属

种植方式：播种定植，于1月中下旬种植，北方可以适当晚1个月左右

收获时间：6月中旬～8月中旬采收

食用品类：圆冬瓜、扁冬瓜

瓜果营养经

　　1.冬瓜含维生素C较多，且钾盐含量高，钠盐含量较低。高血压、肾脏病、浮肿病等患者多吃冬瓜，可达到消肿而不伤正气的作用。

　　2.冬瓜自古就被认为是不错的减肥食物。冬瓜中所含的丙醇二酸能有效地抑制糖类转化为脂肪，加之冬瓜本身不含脂肪，热量不高，有助于体形健美。

　　3.冬瓜藤鲜汁用于洗面、洗澡，可以增白皮肤，使皮肤有光泽，是纯天然的美容剂。

种植基本功

温度需求：冬瓜性喜温暖，生长适温为18～32℃。

湿度需求：冬瓜根系发达，需水量多。对土壤适应性广，砂壤土到黏土均可栽培。

栽培容器：冬瓜盆栽所需的容器一定要大，容器一般直径应在30厘米以上，盆高不得小于25厘米，一盆一苗。

播种要点：用50℃热水将种子浸泡在水中3小时，经清水洗净无异味后用干净纱布或薄毛巾包好，置于30℃下催芽，待种子露芽3～5毫米，即可在土壤中播种。

施肥需求：冬瓜幼苗期需氮肥较多，进入生长期需增加磷肥量。

采收技巧：结果后45天左右，瓜皮发亮呈墨绿色，而叶片保持青绿未枯黄时，选择晴天的上午采收。

微农场·成长秀

1　冬瓜种子埋在土里1个星期的时间就开始发芽了，看到1棵嫩绿的小芽苗壮生长，心情也跟着舒畅起来。

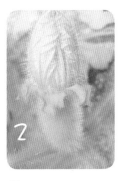

2　冬瓜的枝叶已经长得很宽大了，开出毛茸茸的黄花，下面还有绿色的新叶包裹着，期待果实赶紧长出来吧！

3　结果后45天左右，瓜皮发亮呈墨绿色，植株的大部分叶片还保持青绿色且未枯黄，就可以准备采摘了。

瓜友秘授

浇水要诀：室外温度较低时，一般要选择晴天的上午浇水，每次浇水量不宜过大。待到室外气温开始回升时，可以每隔7～10天浇水1次，浇水量可相应加大。

施肥要诀：冬瓜生长幼苗期需要的肥水很少，而在开花结果以后需要充足的肥水。当第一瓜结果重约0.5千克时，施肥1次。7月下旬冬瓜基本结果完毕再补施1次催瓜肥，促使冬瓜个头变大。

修剪要诀：搭架整蔓是冬瓜栽培的一个重要环节。整枝时仅留主蔓，及时去除侧蔓，当蔓长超过60厘米时，每株插1根竹竿，先将瓜蔓绕竿1圈，用土块将蔓的下部压住，然后将上部牵引到竹竿上缚住，隔30厘米绑1次蔓。

瓜果链接

冬瓜丸子汤

原料：冬瓜400克、五花肉200克、香菜末和料酒各5克，盐适量，胡椒粉、淀粉及姜末少许。

做法：1. 将五花肉洗净，剁成蓉，用料酒、胡椒粉、盐、淀粉、清水搅拌上劲，腌渍15～20分钟；冬瓜去皮去瓤，清洗干净后，切成厚片。

2. 将锅中放入清水、姜末烧开，先下冬瓜片煮5分钟，再将肉馅挤成球形下到锅中煮沸，撇去浮油。

3. 当丸子熟透之后，加盐调味，撒上香菜末即可。

提示：搅拌肉馅要始终保持一个方向才好上劲。另外，脾胃虚寒的人最好少食冬瓜。

芦笋，
餐桌上的名贵"龙须"

芦笋是世界十大名菜之一，在国际市场上享有"蔬菜之王"的美称。世界各国都有栽培，以美国最多，而中国的芦笋栽培是从清代才开始的。芦笋供食用的嫩茎，形似芦苇的嫩芽和竹笋，所以很多国人习惯将石刁柏称为芦笋。

瓜果小名片

种植难度：高　中√　低
别名：石刁柏、龙须菜
生产地：我国南北各省均可种植
所属类型：天门冬科天门冬属
种植方式：有分株和播种两种方式，一般在长江流域及华北地区于2月播种
收获时间：翌年春季4～5月

瓜果营养经

1. 芦笋中含有较多的天门冬酰胺、天门冬氨酸，这两种物质对心血管病、水肿、膀胱等疾病均有疗效。天门冬酰胺还是治疗白血病的药物。因而，芦笋已成为保健蔬菜之一。

2. 芦笋含有多种人体必需的大量元素和微量元素，如钙、磷、钾、铁等，品种全而且比例适中，这些元素对癌症及心脏病的防治有重要作用。

3. 芦笋有鲜美芳香的风味，膳食纤维柔软可口，能增进食欲，帮助消化。

种植基本功

温度需求：芦笋对温度的适应性很强，既耐寒又耐热。但最适合在四季分明、气候宜人的温带栽培。芦笋生长的适宜温度为15℃～20℃。

光照需求：芦笋为喜光作物，要使它枝叶繁茂，得有充足的阳光，才能获得较高的光合作用效能。

湿度需求：芦笋蒸腾量小，根系发达，比较耐旱。芦笋极不耐涝，积水会导致根部腐烂而死亡，所以栽植的场所应保持干燥。

栽培容器：选择深度25厘米的花盆，将PH6～7的富含有机质的沙质壤土或者是晒干打碎的塘泥放入盆中作为土壤基层。

播种要点：选择饱满、无病虫害的种子泡入高锰酸钾溶液中24小时，捞出放在约40℃的温水里擦洗，去除种子表面的蜡质，再将种子放在35℃恒温水中浸1～2天，每天换水6次，之后拿出晾干，待种子有露白时即可播种。

施肥需求：在苗高15厘米时，浇1次稀薄的人粪尿液肥，约20天后再追施1次。此后到7～8月份若苗株生长旺盛，可少施肥或不施肥。

覆土要求：栽植芦笋时要注意栽植深度，一般以10～15厘米为宜。刚栽植时覆土厚度只需3～6厘米，当新的地上茎长出后，再覆土到一定的深度。

采收技巧：采笋时注意不要损伤地下茎和鳞芽。产笋盛期每天早、晚各收1次。于嫩茎高23～26厘米时齐土面割下。

微农场·成长秀

1 选择深度25厘米左右的花盆，将富含有机质的沙质壤土或者是晒干打碎的塘泥放入盆中作为土壤基层，每盆中种植一棵芦笋幼苗。

2 芦笋是喜光作物，需要经常晒太阳。正在生长期的芦笋已经长出了细细的枝叉，远看好像一株株活泼喜人的观赏盆栽。

3 成熟的芦笋露出了又细又长的嫩芽，采笋时可千万别损伤到它的地下茎和鳞芽。采收时最好在嫩茎高23～26厘米时齐土面割下。

巧学秘籍

浇水要诀：从播种至出苗期间要注意水分供应，防止干旱。播种以后可以覆盖一层薄膜在花盆上，防止水分蒸发，促进种子发芽。

合种要诀：待芦笋的叶面展开1周左右，每穴长有2株苗时，应拔除1株，注意这个阶段要让芦笋处在通风的环境中。

修剪要诀：芦笋幼苗生长缓慢，容易滋生杂草，需要经常松土除草或喷洒除草剂。一般喷洒时间在播种后3～5天，2个月后还需要人工除草。

蚕豆，
西域来的"罗汉豆"

蚕豆是一种可用作粮食、蔬菜和饲料的豆类。蚕豆这个"大名"最终被叫响，主要是《本草纲目》的功劳："豆荚伏如老蚕"。在没有大棚设备的古代，蚕豆一般在寒露时节下种，翌年春蚕吐丝时成熟，这与李时珍给它取名"蚕豆"的形象十分贴合。

瓜果小名片

种植难度：高　中√　低

别名：胡豆、佛豆、川豆

生产地：我国南北各省均可种植

所属类型：豆科野豌豆属

种植方式：采用条播、点播方式，播种时间为寒露到霜降之间

收获时间：播种后翌年的5～6月收获

食用品类：崇礼蚕豆、临夏大蚕豆、临夏马牙、临蚕5号

种植基本功

温度需求：蚕豆具有较强的耐寒性，发芽的适温为16℃，生长的适温为20～25℃。

湿度需求：对土壤水分要求较高，适宜温暖湿润的气候和pH6～8的黏壤土，对土壤的适应性较广，沙壤土、黏土、水田土、碱性土等均可栽培。

播种要点："开水烫种，少病少虫"。将选晒过的种子进行烫种，可以烫死病菌和虫卵，从而减少蚕豆出苗后病虫害的发生。

施肥需求：蚕豆喜磷肥，用磷肥作基肥便于幼苗根系就近吸收，有利于蚕豆的生长。

采收技巧：分次采收蚕豆嫩荚，自下而上，每7～8天1次。待蚕豆叶片凋落，中下部豆荚充分成熟时采收成熟的蚕豆，可晒干剥粒贮藏。

微农场·成长秀

1 蚕豆绿叶刚刚长出来的样子和小白菜很像呢，嫩绿的一片！

2 紫中带白的蚕豆花盛开了，是地里的一道美丽风景线。

3 终于看到叶片下一个个豆粒饱满的蚕豆荚了，很有成就感！

瓜友秘授

浇水要诀： 播种后1～2天要充分供水，促进蚕豆种子早发芽。生长初期适时增加土壤的保水和通透性。开花时应多浇水，这个时期若缺水容易落花落荚，豆粒不饱满。

松土要诀： 蚕豆长出幼苗后要及时查苗补缺。苗期要进行多次除草和松土，将土拢到植株根部，以防倒苗。

施肥要诀： 幼苗长出3～4片叶子时，可以适量施氮肥。开花结荚期喷施磷酸二氢钾或硼、钼、镁、铜等微量元素。

修剪要诀： 蚕豆的分枝能力极强，要及时掰除多余侧枝和生长点，减少养分消耗，让豆粒饱满，大小一致。

莲藕，
出污泥而不染的"谦谦君子"

莲藕是莲花的根茎。藕微甜而脆，可生食，也可做菜，而且药用价值相当高。它的根根叶叶，花须果实，无不为宝，都可滋补入药，是体弱多病者上好的流质食品和滋补佳珍。莲藕在清咸丰年间就被钦定为御膳贡品。

瓜果小名片

种植难度： 高√ 中 低

生产地： 我国南方各省均可种植

所属类型： 睡莲科

种植方式： 可以用种子繁殖，也可以用地下茎的顶芽、藕尖繁殖。长江以南多在2月上旬栽种

收获时间： 从6月中旬陆续采收到翌年4月

食用品类： 浅水藕、深水藕

瓜果营养经

莲藕散发出一种独特清香，含有鞣质，有一定的健脾止泻作用，能增进食欲，促进消化。莲藕的营养价值也很高，富含植物蛋白质、维生素以及铁、钙等微量元素，有明显的补血益气之效，可以增强人体免疫力。

种植基本功

温度需求： 莲藕为喜温植物。整个生长期间的适宜温度为20～30℃。

光照需求： 莲藕为喜光植物，阴凉缺光的地方不利于生长。

湿度需求： 莲藕为水生植物，生长在长期灌水湿润的环境条件中，气候干旱不利于植株生长。

栽培容器： 莲藕一般生长在水塘

中，家庭种植可用大型水缸，以富含有机质的壤土和黏壤土为宜，土层深度在30厘米以上。

　　📎‖ **播种要点**：水缸里栽藕，因为泥层不厚，所以种植有点困难。栽植时，先把水缸里的泥土挖开，然后把种藕插入其中。

　　🧱‖ **施肥需求**：莲藕生长期长，要求基肥充足，生长期中还要多次追肥，追肥要氮、磷、钾肥配合施用。

　　🪱‖ **采收技巧**：在藕叶开始枯黄时，用手扒开泥，在叶柄5～7厘米处折断藕鞭，小心地将藕从泥巴中拖出。

微农场·成长秀

① 阳台的水缸里长出了好几片嫩绿的荷叶，看着它那生机勃勃的样子，真令人欣慰呀！希望能快些收获好吃的莲藕。

② 夏季来临，远远就能闻到荷花的香气，水缸里的荷叶正旺盛地生长，荷花摇曳其中，风华绝代！

③ 荷叶开始卷在一起，背面微呈红色，叶缘开始枯黄，这时用手扒开缸底的泥，可以看到一节白而嫩的莲藕。

瓜友秘授

　　水位要诀：莲藕萌芽阶段，水缸内要保持5～10厘米的浅水逐渐加深到20厘米，不要超过50厘米。

　　施肥要诀：水缸里种植莲藕可以施用绿肥，在栽植后40天左右，将绿肥塞在水下泥中。

白萝卜，
四季保安康的民间药膳

　　我国是白萝卜的故乡，栽培食用历史悠久，早在《诗经》中就有关于白萝卜的记载。它既可用于制作菜肴，炒、煮、凉拌俱佳，又可当作水果生吃，脆嫩多汁，还可用于泡菜、酱菜的腌制。"冬吃萝卜夏吃姜，一年四季保安康"就是对萝卜极高的评价。

瓜果小名片

种植难度：高　中√　低
别名：莱菔、水萝卜
生产地：我国南北各省均可种植
所属类型：十字花科萝卜属
种植方式：多用直播，于10月中下旬种植
收获时间：在气候适宜的条件下，以11~12月收获为主
食用品类：潍县萝卜、天津青萝卜

种植基本功

温度需求：萝卜喜冷凉气候条件，较耐寒。生长温度范围较大，最适宜生长的温度为20~25℃。

湿度需求：要求土壤湿润，萝卜不耐旱，如果天气过于干燥炎热会影响萝卜的品质。

栽培容器：在阳台、天台或庭院种植萝卜，可选用花盆、木盆、专业栽培箱、泡沫塑料箱等，耕层深度以40~50厘米为宜。

播种要点：萝卜为直根系，多用直播。选用疏松肥沃的培养土，将种子均匀点播在培养土上，再覆盖种子厚度2倍的培养土，浇透水。

施肥需求：前期可以只在土层的表面施肥，肥料不宜太浓或堆积在根部，也不宜在生长晚期施肥，以免引起萝卜根部破裂或生苦味。

 **采收技巧**：萝卜要及时采收，否则容易老化空心。播后60～70天根部长至25～35厘米且粗4～6厘米时即可采收。

微农场·成长秀

① 在疏松肥沃的培养土上，零零星星地点缀着很多白萝卜嫩芽，早晚给这些嫩芽浇水，让周围的土壤湿润，有利于生长。

② 嫩芽一天天地长成绿叶，在菜地里蓬勃地生长，叶子并不大，呈锯齿状，这个时候要保持生长土壤的干燥透气。

③ 播种后60~70天，锯齿状的叶片也越来越大，扒开萝卜叶，可以发现隐藏在下面的白萝卜根部，这时就可以开始采摘了！

瓜蔬秘籍

浇水要诀：萝卜的整个生长期需要充足的水分供给。夏季生长期需要每天浇水，尽量选择早晚进行，浇水时不要忽大忽小。

修剪要诀：疏苗时把遭受病虫害的、生长衰弱或畸型的幼苗拔掉，用细土轻轻地将幼苗护住，使它不要弯曲。

金针菇，
有助儿童发育的"增智菇"

金针菇学名毛柄金钱菌，因其菌柄细长，似金针菜，故称金针菇。金针菇以其入口滑嫩、嚼有脆劲、营养丰富及味道鲜美而被人们喜爱，成为人们餐桌上的"常客"。其中，尤以凉拌菜和作火锅配菜最美味。

瓜果小名片

种植难度：高　中√　低

别名：毛柄小火菇、朴菇、冬菇

生产地：我国南北各省均可种植

所属类型：白蘑科金针菇属

种植方式：通过菌丝从现成的培养料中吸收营养物质。南方以初冬为主，北方在晚秋时节进行种植

收获时间：从菇蕾形成到采收需要14～16天

瓜果营养经

1. 金针菇含有人体必需的氨基酸成分，其中赖氨酸和精氨酸含量尤其丰富，对儿童的身高和智力发育有良好的作用，人称"增智菇"；金针菇中还含有一种叫朴菇素的物质，有增强机体对抗癌细胞的能力。

2. 金针菇能有效地增强机体的生物活性，促进体内新陈代谢，有利于食物中各种营养素的吸收和利用，对生长发育大有益处。它还可抑制血脂升高，降低胆固醇，防治心脑血管疾病。常食金针菇能预防肝脏疾病和肠胃道溃疡，抵抗疲劳，抗菌消炎，清除身体内重金属盐类物质，还有抗肿瘤的作用。

种植基本功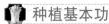

温度需求：菌丝生长适宜的温度是23～25℃。一般培养袋的内温比室温高2℃左右，室内温度不能低于20℃。

光照需求：虽然金针菇完全可以在黑暗环境中生长，但微弱的散射光会刺激菌盖生长。在其培养过程中，可以在培养袋外套上纸筒遮光。

湿度需求：相对湿度保持60%左右。湿度太大容易滋生杂菌，每天定时通风有利于菌丝生长。

栽培容器：可以选择塑料袋作为栽培金针菇的容器。塑料袋以筒宽17厘米、长35厘米为佳。

播种要点：将300～500克的培养料装入袋内，把塑料袋放入蒸锅内，水温烧到100℃，经8～10小时后将金针菇的菌丝插入袋内，像种庄稼一样，接种完毕后用绳把袋口扎住。

施肥需求：金针菇的肥料来自于培养料，培养料由玉米芯73%、麸皮25%、石膏1%、蔗糖1%组成。料与水的比例是1∶1.5。

采收技巧：菇体颜色好，菌柄长到10厘米以上，菌盖直径达到1厘米就可以采收了。采收时，一手按住袋口，一手轻轻抓住菇丛拔下。刚采下的菇要剪去菌柄基部，放在光线暗、温度低的地方。

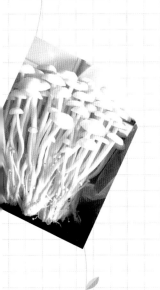

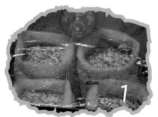

① 选择塑料袋栽培金针菇，先将塑料袋放置在纸箱内，在箱底铺上塑料纸和报纸，往菌包里喷上少许水，用透明塑料袋罩上。

② 现蕾出菇后，将纸箱放在室温为10～18℃的地方，保持周围空气湿润，喷水于报纸上或四周空间，千万别直接喷在菇面上。这时看到的小金针菇一丛丛的，煞是可爱！

微农场·成长秀

③ 这个阶段的金针菇开始长个头了，有些营养吸收快，长得比"同伴"都要高出一截，最高的达到5厘米了。

④ 蓬勃生长的金针菇菌盖达到1厘米，身高10厘米，就可以采收了。轻轻一拔，一丛菇就完整地摘下来了。

瓜艺私房

浇水要诀： 待菇体长至与袋口相平时，拉直袋口，并在袋口上盖纱布或报纸，经常喷水，使覆盖物处于湿润状态。

管理要诀： 当塑料袋内菌丝增多，长到5厘米左右，就要解开塑料袋的袋口进行通气。

桑葚，
美容养颜的保养果品

桑葚取成熟的鲜果食用，味甜汁多，是人们常食的水果之一。早在两千多年前，桑葚已是古代皇帝御用的补品。又因桑树特殊的生长环境使桑果具有天然生长且无任何污染的特点，所以桑葚又被称为"民间圣果"。

瓜果小名片

种植难度：高 中√ 低

别名：桑果、桑枣

生产地：我国南北各省均可种植

所属类型：桑科

种植方式：可用播种、压条、嫁接方法繁殖。一般以冬天和早春种植较好

收获时间：5～6月采收最佳

食用品类：黑珍珠、白蜡皮、红蜻蜓

瓜果营养经

桑椹中含有脂肪酸，主要由亚油酸、硬脂酸及油酸组成，具有分解脂肪、降低血脂、防止血管硬化等作用；桑椹中除含有大量人体所需要的营养物质外，还含有丰富的磷和铁，能益肾补血，使人面色红润。

种植基本功

 ‖温度需求：桑葚喜湿润气候，稍耐阴。气温12℃以上开始萌芽，生长适宜温度为4～30℃，超过40℃则生长受到抑制。

 ‖湿度需求：喜土层深厚、湿润及肥沃的土壤。桑树根系发达，抗风力强，对土壤的适应性强。

‖栽培容器：桑葚的适应性强，一般田边地头都能健康生长，水肥、光照条件

好，种出来的桑葚又大又甜。

🌱▏播种要点：采取紫色成熟桑椹，搓去果肉，洗净种子，播前用50℃热水浸种15小时，放湿沙中贮藏催芽，待种皮破裂露白时即可播种。把购回的桑苗大小分开，将用来结果的树苗与用来授粉的树苗合理搭配布局，栽后浇足水。

🍃▏施肥需求：整平土地，按株行距挖50厘米深的沟槽，施入土杂肥和磷肥。

① 将桑葚的小苗移栽到花盆中，种植好后，勤施肥，多浇水，看着桑葚苗一天天地长大，开枝散叶，心里也充满了欣喜。

② 在桑葚树开春发芽前，距离地面40厘米高处平剪。不久后，可以看到一个个刺团团的花球，这是桑葚花，这时要注意修剪，将生长健壮的枝条留15~20厘米平剪，促使桑葚树多发芽。

③ 开花后大约过了二十多天，桑葚树会陆陆续续结出青绿色的小果实，过不了多久，枝叶掩映下便会长出一簇簇果实。

微农场·成长秀

④ 来年6月份，青色的小果实会渐渐变成紫红色，鲜艳的果实挂在枝头，真是让人垂涎欲滴。

松土要诀：经过一段时间后，特别是雨季后土壤容易板结，结合除草进行松土，有利于桑根生长。

修剪要诀：开春发芽前，距地面40厘米高处平剪。6月初，对生长健壮的枝条留15～20厘米平剪。采果后也要对桑树定形修剪，为次年留下结果枝。

瓜果链接

桑葚酒：

原料：摘取红色、紫红、紫色或白色、无变质现象的桑葚果，剔除外来杂物，用不漏的塑料捅、袋或不锈钢容器盛装。

破碎：用破碎机、木制品工具均可，尽可能地将桑葚的果实打碎，连碎渣和汁水一起倒入家用的干净无油的小缸内发酵。

配料：按100千克原料加水150～200千克、白糖40～50千克搅拌均匀，加入酵母液3%～5%。

主发酵：将以上材料倒入缸内后，搅拌均匀。将小缸放置在温度22～28℃的环境中，几小时后便开始发酵，每天搅拌2次，发酵时间控制在3天左右。

分离：用纱布或其他不锈钢设备过滤，使碎渣与发酵液分开，将分离出来的碎渣压榨，榨汁与发酵液合并后进行再次发酵，这次的发酵时间控制在1周内。

倒缸：发酵结束后进行3次倒缸，之后就可以长期贮存，1～3个月后就可以过滤装入瓶中饮用。

提示：桑葚酒是果酒中的极品，具有补血养颜的功效。早晚1杯，可改善女性手脚冰凉的症状。

黄豆，
植物中的"乳牛"

黄豆属五谷之一，是中国文明社会从古至今最重要的栽培作物之一。中国是黄豆的故乡，据《史记》记载，4500余年前中国劳动人民就开始种植黄豆。干黄豆中含高品质的蛋白质，被人们叫作"植物肉""豆中之王"，它在食物界的地位可见一斑。

瓜果小名片

种植难度：高 中 低√

别名：大豆

生产地：我国南北各省均可种植

所属类型：蝶形花亚科大豆属

种植方式：利用水稻、玉米等作物收获前后，约初冬季节即可播种。

收获时间：入冬前采收成熟的果荚，除去荚壳，直接食用或晒干备用。

144

瓜果营养经

黄豆富含大豆卵磷脂，它是大脑的重要组成成分之一。多吃黄豆有助预防老年痴呆症。此外，黄豆卵磷脂中的甾醇可增加神经机能和活力。黄豆富含大豆异黄酮，这种植物雌激素能有效延缓皮肤衰老。

种植基本功

温度需求：种子发芽适宜温度为15～25℃，进入开花期后需要较高温度，温度在23℃以下或28℃以上对开花都不利。

光照需求：黄豆是短日照植物，对光照的反应很敏感。

湿度需求：黄豆需水较多，每形成1克干豆需要600～800克水，整个生长期需要1000毫升左右的水量。

栽培容器：用一般家里闲置的花盆就可以播种黄豆，播种时保证种子相互间隔5厘米，种植数量多的话，也可以在庭院里直接栽培。

✎‖ **播种要点**：黄豆种子在土壤水分和通风条件适宜的情况下会自行发芽，播种时覆土厚度保持在3～5厘米。

✎‖ **施肥需求**：黄豆对土壤有机质含量反应敏感。大豆播种前，施用有机肥料可结合一定数量的化肥，尤其是氮肥。

✎‖ **采收技巧**：当大豆茎秆呈棕黄色，杂有少数棕杏黄色，有7%～10%的叶片尚未落尽时是收获的适宜时期。

微农场·成长秀

❶ 黄豆种子播在闲置的花盆中，将花盆放在通风条件好的窗台上，让偶尔射进来的阳光照射在刚刚长出的嫩芽上。

❷ 开始长出大而宽的叶片，长势一片良好。在鼓粒前适当地每天早晚各浇1次水，水分充足对大豆鼓粒和快速成熟都有利。

❸ 终于到了收获的季节，一颗颗豆粒饱满的豆荚满满当当地挂在黄豆枝叶上，远看像一串串绿色的风铃。

瓜友秘籍

浇水要诀：在鼓粒前适当加大浇水量。水分充足对大豆鼓粒和快速成熟十分有利，尽量选择早、晚时间浇水。

松土要诀：第一次松土一般在第1片子叶出现时进行，第二次松土在苗高20厘米左右时进行。

枇杷，
"黄金满树"的珍果

枇杷是中国南方特有的珍稀水果，因果子形状似琵琶乐器而得名。枇杷秋日养蕾，冬季开花，春来结子，夏初成熟，承四时之雨露，为"果中独备四时之气者"，其果肉柔软多汁，酸甜适度，味道鲜美，被誉为"果中之皇"。

瓜果小名片

种植难度： 高 中√ 低

别名： 金丸、芦枝

生产地： 长江中下游及以南地区

所属类型： 蔷薇科枇杷属

种植方式： 以播种繁殖为主，也可嫁接。有灌溉条件宜在2月份种植。

收获时间： 寿命较长，嫁接苗4～6年开始结果，15年左右进入盛果期

食用品类： 台湾枇杷、南亚枇杷

瓜果营养经

枇杷中所含的有机酸能刺激消化腺分泌，对增进食欲、消化吸收及止渴解暑有相当作用；枇杷中独特的苦杏仁贰能够润肺止咳、祛痰，治疗各种咳嗽症状；枇杷还含丰富的维生素B，能保护视力，促进儿童的身体发育。

种植基本功

温度需求： 枇杷较耐寒，适宜生长的平均温度是12～15℃。

光照需求： 枇杷喜阴，可用有色的塑料薄膜、草帘等遮阳，减弱棚内的光照度。

湿度需求： 土壤水分过多不利于枇杷的生长发育。空气相对湿度为75%～85%。

栽培容器： 可以选用直径30～40厘米、深度25～30厘米的花盆。如果大面积种植，可依据需要选择更大的容器或在庭院直

接栽培。

播种要点：气候温暖，枇杷树生长快，可以尽量地密植。种植时让细土和根系充分接触，压实根部周围土壤，浇透水，待水渗入后再盖一层细土。

施肥需求：氮是枇杷生长过程中需要量最多的元素之一，对防冻有一定的效果。

采收技巧：枇杷4～6年可结果，果实全面着色时采收。烈日下不采果，采果必须轻拿轻放，用手捏住果柄，小心用果剪剪卜。

147

微农场·成长秀

1 枇杷树已经开始长枝叶了，茂密的枝叶将房前遮挡得密密麻麻，长势很好。

2 绿叶上开始结出黄灿灿的枇杷花，一串串的看上去很漂亮，人的心情也好起来！

3 枇杷的果实已经完全着色了，烈日下的金黄果实看着都让人流口水呢！

瓜农私授

浇水要诀：土壤水分不宜太多，所以枇杷一般不灌水。若遇到干旱，可以适当往叶面上喷洒少许水。

管理要诀：因为枇杷根系较浅，在种植枇杷时尽量选在避风处，或者用木板作为防风屏障，放置在枇杷树前，降低风速。

菱角，
棱角分明的"水中落花生"

菱角生长在湖里，嫩茎可做菜蔬，果有尖锐的角，叶子形状为菱形，所以称之为菱角，也称"水中落花生"。中国南部各省均有栽培，人们一般将它蒸煮后食用，或者晒干后切成细粒煮在粥里，其浓浓的清香味道尝起来别有一番风味。

148

瓜果小名片

种植难度：高 中 低√
别名：水栗、菱实
生产地：多见于我国南方各省
所属类型：菱科菱属
种植方式：有直播栽培和育苗栽培两种方式，冬末初春时开始育苗
收获时间：自处暑、白露开始，到霜降为止，每隔7天就可以开始采收1次
食用品类：红菱、大头菱、五月菱

瓜果营养经

菱角有防癌抗癌功能，主要是因为它含有一种叫AH-13的抗癌物质。除此之外，菱角含有尼克酸、核黄素等多种营养物质，被视为养生之果和秋季进补的药膳佳品。

种植基本功

温度需求：菱角较耐寒，不耐霜冻，在无霜期6个月以上的地区才可正常生长。菱角生长的适宜水温稳定在12℃以上。

栽培容器：可以用家里闲置的脸盆，放入一些泥土，加满水，注意水要高于泥土，将菱角埋进泥里即可。

播种要点：在3米以内的浅水中种菱，多用直播方式。播前先催芽，将种菱放在5～6厘米浅水中利用阳光保温催芽，5～7天换1次水。

◆ 施肥需求：菱角作为水生蔬菜，需肥量较集中。种植初期可施猪粪或腐熟泥粪，开花后分3次用强力增产素2～3包进行叶面喷施，以防早衰。

◆ 采收技巧：菱角在开花后20～30天开始成熟。如果作为蔬菜或生吃，可在果皮还未充分硬化时采收最佳。

微农场·成长秀

① 将种菱投放在水盆中，不久后水中就开始漂浮着一片片翠绿的叶片，透过叶片可以看到水下一根根紫红色的根茎。

② 叶片长到深绿色时，水面上就冒出了一朵朵黄色的花朵，远远看过去黄灿灿的一片，像水中的"油菜花"，生长状态良好。

③ 菱角在开花后20~30天便开始成熟。挖开菱角的根茎，便看到一个个红色的菱角，小心地将它们拔出，完整的菱角就呈现在眼前。

瓜友秘授

施肥要诀：用河泥作为基肥是比较好的，或者自制肥料。用50千克水加1千克过磷酸钙和草木灰，浸泡一夜，取澄清液，每隔7天喷1次。

修剪要诀：在养殖菱角的空间里，会滋生很多水生杂草，如水草、浮萍、苔藓等，必须及时进行人工清除。

瓠瓜,

羞答答的"夜开花"

瓠瓜是一种很受居民欢迎的蔬菜,与葫芦瓜出自一宗,因为形似,人们经常容易将它们混淆。瓠瓜原产非洲,七千年前在中国就有栽培。其花为白色,多在夜间以及阳光微弱的傍晚或清晨开放,故瓠瓜有别名"夜开花"。

瓜果小名片

种植难度：高 中√ 低

别名：白花葫芦、瓠子、夜开花

生产地：我国各省均可种植

所属类型：葫芦科

种植方式：可在终霜前露地直播,或在大棚中育苗后再定植

收获时间：一般夏季收获。在大棚中栽培,可适当提早

食用品类：长瓠子、线瓠子

🌽 瓜果营养经

瓠瓜对机体的生长发育和维持机体的生理功能均有一定的作用,但与其他蔬菜相比,其营养价值较低。但是它含有一种干扰素的诱生剂,可以刺激机体产生干扰素,提高机体的免疫能力,有抗病毒的功效。

🌽 种植基本功

📏 **温度需求**：瓠瓜喜温,较耐低温,种子在15℃开始发芽,30~35℃发芽最快,生长和结果期的适温为20~25℃。

☀ **光照需求**：瓠瓜对光照条件要求高,在阳光充足的情况下病害少,生长和结果良好,而且口感好。

🔺 **湿度需求**：瓠瓜对水分要求严格,不耐旱又不耐涝。但是在结果期间要求

较高的空气湿度。

🌱‖**播种要点**：栽培时一般先育苗，然后定植到露地。瓠子的瓜皮较厚，发芽较慢。播种前，可以先浸种24～48小时。

🥄‖**施肥需求**：瓠瓜不耐瘠薄，以富含腐殖质的保水、保肥力强的土壤为宜。所需养分以氮素为主，配合适量的磷钾肥施用。

🐛‖**采收技巧**：瓠果开花后10～20天即可采收。

微农场·成长秀

1 地里密密麻麻地长出了瓠瓜叶子，将下面的根茎遮得密不透风。

2 瓠瓜叶中间开始长出零星的小白花，跟绿叶搭配起来，看着很素雅。

3 小白花渐渐长大，开始长出一团团茸毛，颜色也变成淡黄色。

4 开花后10～20天，瓠瓜已经逐渐成形，不久后就可以采摘了。

瓜友秘授

支撑要诀：当苗长到30厘米高时，用2～3米的长竹竿设立"人"字架，约在1.5米处交叉。

浇水要诀：瓠瓜需水较多，应及时浇水，结果期间天旱可1～2天浇1次水。

蛇瓜，
庭院中的异域风情

蛇瓜是一种热带瓜果，它既具观赏性，也可以食用。幼嫩的蛇瓜表面有白绿色相间的条纹似白花蛇，成熟后的蛇瓜表面又呈现红绿色相间的条纹似红花蛇，体态各异，栩栩如生，极具异域风情，是庭院中的一道亮丽风景。

瓜果小名片

种植难度：高 中√ 低

别名：蛇王瓜、蛇豆、蛇丝瓜

生产地：我国南北各省均可种植

所属类型：葫芦科栝楼属

种植方式：2月初于露地播种

收获时间：定植后30天左右即可采收

食用品类：青皮白条、白皮青丝、灰皮青斑

瓜果营养经

蛇瓜含丰富的碳水化合物、维生素和矿物质，肉质松软，有一种轻微的臭味，但煮熟以后则变为香味，味道甘甜。每千克的蛇瓜嫩果中含蛋白质5～9克、碳水化合物30～40克，能清热化痰、润肺滑肠。

种植基本功

光照需求：蛇瓜喜光，结瓜期要求较强的光照。

湿度需求：土壤喜肥、耐肥，也较耐贫瘠，对土壤适应性广，各种土壤均可栽培，但在贫瘠地种植及盆栽时，结瓜较小。

栽培容器：一般家庭种植在庭院或者大一点的阳台上搭架种植。

播种要点：蛇瓜的种皮厚，播种前应将种子晾晒1～2天，然后用55℃的热水烫种3分钟，然后擦洗去种皮上的黏质物，并换清水再浸种，待种子略软时用纱布包裹保湿，置于30℃恒温催芽后播种。

◀▍施肥需求：种植的营养土可用园土5份、草炭2份、腐熟有机肥3份混匀，如无草炭可用废菇料或肥沃园土也可以。

◀▍采收技巧：从开花至成熟10天左右，此时瓜果表皮显奶白的浅绿色，有光泽。结果期1~2天采收1次。

微农场·成长秀

❶　将蛇瓜种子播种在拌有营养土的肥土中，萌芽后开始在花盆周围搭架子，便于蛇瓜生长发育后藤蔓攀爬。

❷　叶片生长旺盛，隐约在叶片中间可以找到蛇瓜的雏形，一根一根的只有豆芽菜大小的蛇瓜虽然看起来瘦小脆弱，但相信它长大后定会变得粗壮。

❸　瓜果表皮显露出奶白的浅绿色，光泽感不错，这个时候已经开花10天左右。单株种植的一棵藤蔓最多能结蛇瓜40~60个。

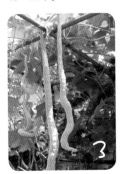

瓜友秘授

支撑要诀：蛇瓜若平地种植，不方便采收，最好在植株开始抽薹时搭"人"字架或2米高的平棚。

浇水要诀：结果期要经常保持土壤湿润，尤其在高温、干旱天要早晚浇水。

金丝瓜，
长在瓜田里的"天然粉丝"

金丝瓜，我国早年引自美洲，明朝开始栽培，清朝乾隆皇帝巡视江南时，曾经极为赞赏金丝瓜的美味。金丝瓜瓜瓤如粉丝，脆如海蜇，晶莹透亮，味美清香，被誉为绿色食品——天然粉丝。

瓜果小名片

种植难度：高　中　低√

别名：金瓜、搅瓜、面条菜瓜

生产地：我国南北各个省份均可种植

所属类型：葫芦科南瓜属

种植方式：直播或者育苗移栽，在晚霜结束后露地进行

收获时间：在温度与光照适宜的条件下，以8～9月收获为主

食用品类：生砸无蔓金丝瓜

瓜果营养经

金丝瓜含有普通瓜类没有的"葫芦巴碱"和丙醇二酸，能调节人体代谢，具有减肥、美容、抗癌、防癌的药用功效。金丝瓜的营养价值高于其他瓜类蔬菜，在医疗方面，对糖尿病有较好的疗效。

种植基本功

温度需求：金丝瓜是喜温作物，不耐寒，生长期适温为10～30℃。

光照需求：金丝瓜是喜光作物，尤其喜强光，在光照充足的条件下生育良好。金丝瓜不耐阴，所以尽量避免和高棵作物合种。

湿度需求：金丝瓜耐旱，不耐涝，在生长期和结瓜膨大期需要充足的水分，如果缺水，植株会发育不良，瓜也会长不大。

栽培容器：可以用闲置的大木箱种植，因为木箱透气好，如果有空间的家庭可以在庭院或者大一点的阳台上种植。

🌱‖播种要点：将营养土装入容器内，营养土要距容器上部3厘米，然后将金丝瓜种子外膜搓去，用30℃水浸种6小时后播种，并覆土2～3厘米。

🐛‖采收技巧：瓜老熟后，不要急于采收，要等所有的瓜都老熟后再采收。老熟的标准是皮呈黄色且坚硬。

微农场·成长秀

① 金丝瓜种子怕晒，所以萌芽后把种植的花盆尽量放在阴凉处，保证通风。

② 叶片越来越宽大，金丝瓜叶将整个花盆都遮挡住，看来离开花的日期不远了。

③ 终于开花了，金黄色的花朵占据了绿叶的一大部分面积，看起来长势不错。

④ 在弯曲缠绕下的根茎中，金丝瓜"探出了头"，滚圆的身子显得"可爱"又"憨厚"呢！

瓜友秘授

松土要诀：随着金丝瓜的生长发育，在叶蔓未伸长之前要及时松土，用花铲松2～3次，清除杂草，提高土温。

修剪要诀：金丝瓜生长期有的地方蔓叶很密，有的地方还空着，可以把密集的蔓都掐掉，使其停止生长，促进蔓稀的地方快长。

蓝莓，
秀色可餐的"黄金浆果"

蓝莓的名称来源于英文Blueberry，意为蓝色的浆果。"二战"时，英国皇家空军在执行任务前都会配合服食蓝莓，它能增强飞行员的眼部功能，增强夜晚的感光力。因为其具有较高的保健价值和讨喜的"外表"所以风靡世界。

瓜果小名片

种植难度： 高 中√ 低

别名： 蓝梅、笃斯、笃柿

生产地： 集中在我国东北地区和西南地区

所属类型： 杜鹃花科越橘属

种植方式： 采用定植的方式，最好的时机是在秋末到第二年的早春时节

收获时间： 7～9月是蓝莓的成熟采摘期，管理得当，结果期可以保持35年

食用品类： 高丛蓝莓、矮丛蓝莓、兔眼蓝莓

 种植基本功

温度需求： 盆栽蓝莓想要保证结果的重要因素是温度，要保证冬季蓝莓经受7.2℃以下低温休眠才能结果，如果仅仅作为观赏，可以不受低温限制。

湿度需求： 蓝莓适应性强，喜酸性土壤，一般要求土壤pH为4.5～5.5，另外土壤要疏松，通气良好，需保持湿润但不积水。

栽培容器： 建议用透气好的瓦盆或沙盆，不建议用陶盆或瓷盆。蓝莓根系浅，不需要用大盆，建议盆的深度在15厘米左右。

施肥需求： 蓝莓属于寡营养植物，与其他果树相比，树体内氮、磷、钾、钙、镁含量很低。由于这一特点，

蓝莓施肥中要特别防止过量，避免肥料伤害。

**采收技巧**：各个品种的蓝莓果实成熟期不一致，一般采收需要持续20～30天，通常每星期采收一次。

微农场·成长秀

1 家庭盆栽蓝莓用常见的腐殖土，加入腐苔藓或草炭、木屑碎皮等有机肥料。在悉心的照料下，蓝莓终于发芽了。

2 叶片越来越厚，颜色也越来越深。在叶片的夹缝中开始生长出一串串奶白色的蓝莓花朵，和果实一样，蓝莓花都极具看相。

3 一棵树的蓝莓也有各个不同的成熟期，有些蓝莓已经呈深紫色了，但有些还只是青绿色，所以蓝莓的采收基本是一星期一次。

瓜专秘籍

浇水要诀：蓝莓根系分布浅，喜湿润。为了维持土壤酸性，可以用3～5°的醋兑水浇洒在蓝莓枝上。

施肥要诀：家庭盆栽可买花市常见的腐殖土，加入腐苔藓或草炭、木屑碎皮等有机质。蓝莓是嫌钙植物，土壤中切勿加入骨粉。

修剪要诀：春季萌芽后，应尽早有选择地剪除部分新梢，原则是去弱留强。除弱枝外，靠近的重叠枝也是需要疏除的对象。

柠檬，
鲜美爽口的"益母果"

柠檬，因其口味极酸，孕妇很喜欢食用，故又名"益母果"或"益母子"。15世纪时，英国海军常常被坏血病侵袭，让成千上万个士兵失去了生命，后来无意中发现食用柠檬可以预防坏血病，于是便有了英国水兵"柠檬人"的雅号。

158

瓜果小名片

种植难度：高 中√ 低

别名：柠果、洋柠檬、益母果等

生产地：我国南北各省均可种植

所属类型：芸香科柑橘属

种植方式：播种或嫁接，于在11月下旬至翌年2月底均可播种

收获时间：播种后7~8个月日趋成熟

食用品类：香柠檬、青柠檬

瓜果营养经

1. 柠檬汁中能分离出己糖醛酸，它是抗坏血酸（即维生素C）的要素，而引起坏血病主要是由于身体里缺乏维生素，因此柠檬能抵抗坏血病。

2. 柠檬中还含有大量柠檬酸盐，能够抑制钙盐结晶，防止肾结石的形成。

3. 鲜柠檬维生素含量极为丰富，是美容的天然佳品，能防止和消除皮肤色素沉着，具有美白的作用。

种植基本功

温度需求：柠檬耐阴，不耐热，因此适宜在冬暖夏凉的亚热带地区栽培，也可生长在冬季温暖、年温差小的地区，年平均气温17~19℃。

湿度需求： 柠檬枝条生长不规律，属半阴性植物。选择种植地必须考虑水利和土壤条件，要选择背风向阳、土层深厚、土质肥沃及有排灌条件的平地或缓坡地种植。

栽培容器： 家庭盆栽柠檬在幼苗期用小花盆即可，但到生长期时要换稍微大一点的容器，最适宜的深度为30～50厘米。

播种要点： 将柠檬的种子洗净晾干，在花盆里填2/4的土，再添1/4的沙，将种子用土覆盖好，浇透水。

施肥需求： 柠檬喜肥，平时应多施薄肥。植株在萌芽前施一次腐熟液肥，以后每7～10天施一次以氮肥为主的液肥，结果期可以减少肥量。

采收技巧： 通常次年开花，每年采收果实6～10次，成熟果实直径约5厘米。因为柠檬易碰伤，采摘时要戴手套。

微农场 · 成长秀

1 花盆里填3/4的土加上1/4的沙，将柠檬的种子洗净晾干，放在花盆中用土盖好。柠檬叶长出来后翠绿一片。

2 伴随叶片一天天的茂盛密集，柠檬开出了淡黄色的小花朵，在绿叶和黄花间还可以隐约看到青色的小柠檬。

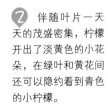

3 成熟的柠檬果实直径大概会长到5厘米，这时柠檬已经呈亮黄色了，可以采摘。

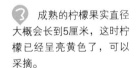

瓜友秘授

浇水要诀：在处暑前10天对盆栽柠檬的供水减少，为防止叶片脱水，可早、晚向叶面喷水，同时也可向盆土喷少量水，使柠檬处于既干旱又不致于枯死的状态下。

松土要诀：将整棵柠檬从花盆中小心地移除，沿泥团削去1.2厘米厚的表层土，并削去泥团底部1厘米厚的土，然后把柠檬泥团放入盆中，略微压实盆土，置于通风处。

合种要诀：不要在柠檬种植500米内栽种柑橘类果树，以防串花，结出奇异果实。建议在柠檬种植区内合种部分矮杆作物（最好是种植黄豆和花生），但不能合种藤蔓作物。

修剪要诀：生长旺盛的幼苗，在5～7月要进行疏剪，使之在8月下旬至9月上旬抽发更多的枝丫。在修剪时宜少不宜多，以树冠内能透入少量阳光为原则。

瓜果链接

柠檬美容三例：

柠檬独特的果酸成分可以软化角质层，令肌肤白皙而富有光泽。

1. 去除头皮。在1杯橄榄油内，加入1/4杯已加热的柠檬汁，于头皮上按摩，用热毛巾把头发包裹，待30分钟后用清水把头发冲洗干净。

2. 滋润指甲。把柠檬汁搽在指甲上，轻轻按摩，待10分钟后用清水洗净，可以让指甲恢复原来的光彩色泽。

3. 收细毛孔。洗脸后，把沾上爽肤水的洁肤棉加上2～3滴柠檬汁，轻拍于脸上，有助软化角质层，收细毛孔，更有美白的效能。